*Los hombres deberían saber que del cerebro
y nada más que del cerebro vienen las alegrías, el placer, la risa,
el ocio, las penas, el dolor, el abatimiento y las lamentaciones.*

HIPÓCRATES

Sumario

Introducción

I EL TRASTORNO BIPOLAR

II TRATAMIENTOS

Conclusiones

Bibliografía

Introducción

A pesar de que el concepto de trastorno bipolar es relativamente reciente, esta enfermedad ha estado presente a lo largo de la historia en las diferentes culturas bajo diversas consideraciones y nombres. Tras largos años de investigación, se ha demostrado la importancia del origen biológico del trastorno y en las últimas décadas, se han llevado a cabo diversos estudios que demuestran la eficacia de la medicación para mejorar el curso de la enfermedad. No obstante, también se han realizado investigaciones que señalan la gran importancia de las terapias psicológicas y de la psicoeducación cuando se aplican de forma simultánea al tratamiento farmacológico.

El objetivo primordial de este libro consiste en demostrar como las técnicas psicológicas, especialmente la psicoeducación, mejoran el curso de la enfermedad y la calidad de vida de las personas afectadas. Para ello se ha realizado una revisión bibliográfica de diversos estudios y capítulos de libros.

El libro se ha dividido en dos grandes bloques. El primero pretende contextualizar el trastorno y el segundo, reflejar los tipos de tratamientos existentes y la importancia de las terapias psicológicas. Por todo ello, este manual implica un recorrido que permite conocer el trastorno bipolar en toda su profundidad para, finalmente, centrarnos en el objeto principal de esta investigación, que consiste en demostrar la eficacia de la psicoeducación.

I EL TRASTORNO BIPOLAR

1. Definición del trastorno bipolar

El trastorno bipolar hace referencia a un estado de ánimo que es patológicamente inestable y ello se debe a una enfermedad que afecta a los mecanismos cerebrales encargados de regularlo. El estado de ánimo de la mayoría de las personas suele ser regular, es decir, nuestro estado de ánimo cada día suele ser más o menos el mismo aunque puedan existir altibajos debidos a factores diversos, que incluyen el clima, la época del año, los cambios hormonales o las horas de sueño. Hay personas que por carácter tienden a sentirse más contentas u optimistas y otras que tienden a sentirse más tristes o pesimistas, pero suele ser un estado de ánimo regular. Cabe decir que todas nuestras variaciones anímicas tienen una explicación, la causa de nuestras variaciones es nuestro cerebro, puesto que éste es el que, entre otras cosas, se encarga de dar significado emocional e intelectual a los estímulos internos y externos (Colom, F.; Vieta, E., 2008).

La persona que sufre un trastorno bipolar padece alteraciones del humor, independientemente de las cosas positivas o negativas que sucedan en su vida, es decir, estas alteraciones no se deben a estímulos externos sino a cambios biológicos que se producen en su cerebro. Evidentemente, los acontecimientos que le sucedan a una persona con este trastorno afectarán a su estado de ánimo, pero quizás no del modo que cabría esperar. Así pues, el estado de ánimo depende sobre todo de aspectos biológicos, es decir, de la predisposición genética y la manera de funcionar de nuestro cerebro. Es relevante destacar que el trastorno bipolar es una enfermedad cíclica en la que se alternan periodos de estabilidad o eutimia con periodos de descompensación. Es también una enfermedad crónica, lo cual significa que dura toda la vida, pero ello no implica que no se pueda tratar ya que existen numerosos tratamientos que ayudan a mejorar la calidad de vida de estas personas (Colom, F.; Vieta, E., 2008).

El trastorno bipolar se denomina de este modo porque existen dos fases en la enfermedad, en el caso del trastorno bipolar tipo I, existen uno o más episodios maníacos o mixtos y uno o más episodios depresivos mayores, mientras que en el trastorno bipolar tipo II, existen uno o más episodios depresivos mayores que se acompañan de al menos un episodio hipomaníaco (Janet, M.; Cassio, L. y Richard, M., 2009).

Diversos autores han definido el concepto de trastorno bipolar. Miklowitz, D. J. (2004) afirma que puede considerarse un trastorno del estado de ánimo porque su principal característica es la oscilación extrema del mismo.

Pichot, P., también alega que esta enfermedad es un tipo de trastorno del estado de ánimo que se caracteriza por episodios de manía o hipomanía y episodios depresivos. Destaca que es importante detectar la enfermedad a una edad temprana ya que hasta hace poco se creía que niños y adolescentes no la sufrían, pero actualmente se ha descubierto que ya se pueden detectar síntomas a edades tempranas, aunque añade que el estudio del trastorno bipolar en niños y adolescentes se complica por diversos factores (2004). Es difícil el diagnóstico en este grupo de edad puesto que las muestras de los estudios son pequeñas y porque por motivos éticos la investigación en niños está limitada. Se calcula que entre el 20 y el 40% de los adultos que sufren un trastorno bipolar, la enfermedad empieza en la infancia y el primer episodio es generalmente de depresión. Entre el 0,3 y el 0,5% de los adultos describen el inicio de sus síntomas antes de los 10 años de edad. Diversos autores afirman que la depresión en edades tempranas es un marcador de bipolaridad (Waslick y cols., 2000; Geller y Luby, 1997; Goodwin y Jamison, 1990; Dubovski y Buzan, 1999. Citado en Pichot, P., 2004, p. 22).

En el trastorno bipolar infantil existe un índice importante de diagnóstico erróneo, por lo que sólo los casos más graves son tratados. Debido a que la enfermedad bipolar es crónica, es frecuente que comience en la infancia y que empeore con la edad, por ello es necesario que se diagnostique y se trate lo antes posible (Pichot, P., 2004).

Algunos estudios sugieren que la forma en que se presenta el trastorno bipolar es diferente en niños y adolescentes que en adultos. Algunas de estas diferencias son, por ejemplo, que en niños la manía se caracteriza frecuentemente por irritabilidad o rabietas más que por euforia como sucede en los adultos. En niños el curso es más continuo que episódico y los episodios son más cortos, por lo que puede que no se cumplan los criterios del DSM-IV-TR. También hay más cambios entre un estado de ánimo y otro, más ciclación rápida (cuatro o más episodios en un año), un aumento de la carga genética para bipolaridad y trastorno por déficit de atención e hiperactividad (TDAH), así como menor eficacia en la respuesta al tratamiento. La manía y la depresión pediátrica se acompañan habitualmente de síntomas psicóticos y estados mixtos y, puede tener formas de inicio que no incluyen la manía o la hipomanía.

Entre el 0,8 y el 1,6 % de la población sufre un trastorno bipolar de tipo I y cerca del 0,5 % padece un trastorno bipolar tipo II (Kessler y cols, 1994. Citado en Pichot, P., 2004, p. 22).

1.1 Historia del trastorno bipolar

El trastorno bipolar es una enfermedad tan vieja como el hombre, siempre ha existido aunque con diversas consideraciones y nombres.

En el siglo III a.C, los trastornos mentales se consideraban algo mágico o demoníaco y los enfermos eran tratados desde un punto de vista religioso. Fueron los griegos los que empezaron a contemplar la enfermedad desde una vertiente médica y científica e introdujeron tres tipos de tratamiento, el somático de la escuela hipocrática, la interpretación de los sueños y el diálogo con el paciente. Hipócrates (Citado en Colom, F.; Vieta, E., 2008, p. 43), consideró que la enfermedad mental se debía a alteraciones orgánicas, las cuales se producían por un desajuste de los cuatro fluidos básicos: flema, bilis amarilla, bilis negra y sangre. Según él, el exceso de bilis amarilla causaba manía y el exceso de bilis negra causaba depresión.

Las primeras referencias a lo que actualmente llamamos trastorno bipolar se remiten a Arateo de Capadocia en el siglo II d.C (Citado en Colom F.; Vieta, E., 2008, p. 43). Este médico griego describió la relación entre la manía y la melancolía, pero no llego a darle el nombre de trastorno bipolar. Philippe Pinel (Citado en Colom F.; Vieta, E., 2008, p. 44), fue el que otorgó muchos de los derechos humanos a estos enfermos y clasificó en cuatro subtipos las enfermedades psiquiátricas: manía, melancolía, idiocia y demencia. También empezó a contemplar la influencia de los factores genéticos y ambientales en el origen de dichas enfermedades.

En el siglo XIX se vinculan de manera conceptual y clínica los conceptos de manía y depresión a través de las primeras descripciones de Falret y Baillarger, acerca de la *folie circulaire* y de la *folie a double forme*, cuadros que se caracterizaban por la sucesión de episodios de excitación, de tristeza y de un intervalo lúcido de duración variable (Citado en Roca Bennasar, M., 1999, p. 493). Pero fue Emil Kraepelin (Citado en Colom, F.; Vieta, E., 2008, p. 46), quien delimitó claramente las fronteras de la enfermedad, introduciendo el estudio longitudinal como un elemento diagnóstico imprescindible. Su obra *La locura maníaco-depresiva y la paranoia,* marca un antes y un después en el trastorno bipolar, ya que a partir de entonces se empezó a distinguir la enfermedad bipolar de la esquizofrenia, se empezó a describir el curso episódico de la enfermedad, se formuló su heredabilidad y se caracterizaron sus principales formas clínicas.

Roca Bennasar (1999), añade que los estudios de Leonhard también tuvieron una gran importancia, ya que postuló la separación entre las formas unipolares y bipolares del trastorno afectivo a partir de diferencias clínicas, evolutivas y familiares. Fue él quien introdujo el nombre de trastorno bipolar. Sus trabajos fueron el fundamento científico clínico de las primeras clasificaciones basadas en la aplicación de criterios estandarizados.

En el año 1949, se descubre el carbonato de litio como estabilizador del estado de ánimo y sus propiedades tranquilizantes. El litio fue descubierto en 1817 por el médico sueco Afwerdson (Citado en Colom, F.; Vieta, E., 2008, p. 48). Se había utilizado durante el siglo XIX para tratar la enfermedad artrítica y, en la primera mitad del siglo XX, como hipnótico o antiepiléptico. Es Mogens Schou (Citado en Colom, F.; Vieta, E., 2008, p. 49), el que demostró de manera científica la eficacia del litio en pacientes bipolares y, a partir de los años 70, se empiezan a introducir en España los primeros tratamientos con litio.

Actualmente se siguen utilizando las sales de litio como fármaco para el tratamiento del trastorno bipolar y su actividad profiláctica no ha sido superada hasta el momento.

2. Categorías diagnósticas

La enfermedad bipolar puede presentarse de diversos modos. Según el DSM-IV-TR (2002), existen cuatro categorías diagnósticas: trastorno bipolar I, trastorno bipolar II, trastorno ciclotímico y trastorno bipolar no especificado. A continuación, se pone de manifiesto la sintomatología característica de cada una de las categorías.

2.1 Sintomatología

El trastorno bipolar tipo I tiene una prevalencia en la población general entre el 0,4 y el 1,6% (DSM-IV-TR, 2002). Es la forma más clásica de la enfermedad bipolar y se caracteriza principalmente por la presencia de manía. Es frecuente que después de una fase maníaca se produzca un viraje hacia la depresión mayor (Colom, F.; Vieta, E., 2004). La característica principal del trastorno bipolar tipo I es un curso clínico que se caracteriza por uno o mas episodios maníacos o mixtos y, es habitual, que las personas hayan presentado uno o más episodios depresivos mayores (DSM-IV-TR, 2002). En un trastorno bipolar I pueden aparecer cuatro episodios distintos: manía, hipomanía, depresión y fases mixtas, los cuales se alternan con períodos de eutimia. Los síntomas psicóticos pueden estar presentes o no, pero suelen ser frecuentes, ya que tres de cada cuatro pacientes los presentan y pueden aparecer tanto en la fase maníaca como en la depresiva. Por lo general los síntomas tienden a aparecer en la juventud, alrededor de los 20 años (Colom, F.; Vieta, E., 2008). Un inicio temprano supone una mayor probabilidad de consumo de sustancias, lo cual implica una peor evolución de la enfermedad. Este trastorno afecta igual a hombres que a mujeres, aunque en hombres el primer episodio suele ser de manía y suelen presentar más episodios maníacos, mientras que las mujeres suelen presentar primero un episodio depresivo y los ciclos rápidos son más habituales, lo cual conlleva un peor pronóstico. Cabe destacar también, que algunas mujeres presentan su primer episodio durante el periodo de posparto.

El trastorno bipolar tipo II tiene una prevalencia en la población general aproximadamente del 0,5% y se caracteriza por la aparición de uno o más episodios depresivos mayores, que se acompañan de al menos un episodio hipomaníaco. Este trastorno se parece mucho al trastorno bipolar tipo I, la única diferencia es que no se producen episodios maníacos y mixtos. El paciente bipolar tipo II puede presentar síntomas psicóticos y padecer depresiones iguales o más intensas que las del tipo I, pero sólo en las fases depresivas. Algunos profesionales, consideran que los pacientes que presentan episodios hipomaníacos producidos por el consumo de fármacos antidepresivos, deben considerarse como bipolares II, pero otros prefieren clasificarlos como unipolares con episodios hipomaníacos inducidos por sustancias (DSM-IV-TR, 2002).

Existen estudios que hacen referencia a que el trastorno bipolar II es una categoría distinta del trastorno bipolar I y del trastorno unipolar. Es necesario destacar que el diagnóstico del trastorno bipolar II es más complicado que el de tipo I, ya que la hipomanía no requiere la hospitalización de los pacientes y estos suelen pedir ayuda sólo cuando atraviesan una fase depresiva. Ello conlleva que los profesionales puedan confundir la enfermedad con una depresión unipolar, por lo que los pacientes no serían tratados adecuadamente y se produciría, en algunos casos, un empeoramiento de la enfermedad. Para llevar a cabo el diagnóstico de un trastorno bipolar II, la información de otras personas puede ser crucial.

Existe la creencia errónea de que el trastorno bipolar tipo II es una forma leve de la enfermedad, pero aunque este parece más benigno a corto plazo, se asocia a una mayor malignidad evolutiva, ya que a largo plazo se produce un mayor número de episodios y suele afectar de manera intensa al rendimiento laboral, las relaciones sociales y la calidad de vida de estas personas (Ayuso y Ramos, 1982. Citado en Colom, F.; Vieta, E., 2004, p. 11).

Tal y como indica el DSM-IV-TR (2002), el trastorno bipolar tipo II suele ser más frecuente en mujeres que en hombres y tal como ocurre en el trastorno bipolar tipo I, los ciclos rápidos también son más frecuentes en mujeres. Es relevante destacar que entre un 5 y un 15% de los pacientes se convierten en bipolares I, ya que acaban presentando algún episodio maníaco (Coryell y cols, 1995. Citado en Colom, F.; Vieta, E., 2004, p. 11). Respecto al riesgo de suicidio, cabe decir que los pacientes con un trastorno bipolar tipo II suelen cometer más intentos que los del tipo I, pero el porcentaje de suicidio consumado es el mismo en los dos (Colom, F.; Vieta, E., 2008).

La ciclotimia tiene una prevalencia en la población general entre un 0,4 y un 1% y, esta considerada, como la forma menos grave del trastorno bipolar. La característica principal es la sucesión de numerosos períodos con síntomas hipomaníacos y depresivos, una elevada frecuencia de los episodios y un curso crónico. Los episodios suelen tener una intensidad leve pero su frecuencia y los cambios de conducta que provocan, acaban comportando problemas psicosociales. Según el

DSM-IV-TR (2002), durante un período de dos años, todos los intervalos libres de síntomas tienen una duración inferior a dos meses. Este trastorno aparece de forma temprana, en la adolescencia o principio de la edad adulta y, tiene un inicio insidioso y un curso crónico. El trastorno ciclotímico lo padecen igual hombres que mujeres.

Colom, F.; Vieta, E. (2004), destacan que los pacientes que presentan ciclotimia no suelen consultar a un especialista, por lo que suelen pasarse la vida sufriendo oscilaciones del estado de ánimo. Pero este es un trastorno que si se diagnostica y se trata correctamente no tiene por que causar dificultades en la vida de las personas que lo padecen. El riesgo de que la ciclotimia evolucione hacia el trastorno bipolar tipo II se sitúa entre el 15 y el 50%, mientras que su evolución hacia el tipo I es menos frecuente.

Los síntomas característicos de cada uno de los episodios que se presentan en una enfermedad bipolar son los siguientes:

Episodio maníaco: se caracteriza por un estado de ánimo anormal y persistentemente elevado, expansivo o irritable, el cual debe durar por lo menos 1 semana. La cualidad expansiva se caracteriza por un entusiasmo inagotable en las relaciones interpersonales, sexuales o laborales. Estas personas suelen presentar un aumento de la sociabilidad, de los impulsos, las fantasías y los comportamientos sexuales. El estado de ánimo elevado, que se puede describir como eufórico o alegre, en un primer momento puede ser contagioso para otras personas, pero aquellos que conocen bien al paciente, son conscientes de que es excesivo (DSM-IV-TR, 2002).

Cabe decir, que muchas veces el paciente maníaco no está contento o eufórico, sino que está más bien agitado, nervioso, irritable o puede tener tendencia a la agresividad física o verbal. Esto se conoce como manía disfórica y comporta un gran sufrimiento para el paciente y aquellos que le rodean. En otros casos lo que predomina es una fluctuación entre alegría y tristeza. Así pues, podríamos decir que el síntoma que mejor define a la manía es la exaltación emocional (Colom, F.; Vieta, E., 2008).

El DSM-IV-TR (2002), afirma que la alteración del estado de ánimo debe ir acompañada por al menos tres síntomas de los siguientes:

Aumento de la autoestima o grandiosidad, disminución de la necesidad de dormir, lenguaje verborreico, fuga de ideas, distraibilidad, aumento de las actividades intencionadas o agitación psicomotora e implicación excesiva en actividades placenteras con un alto potencial para producir consecuencias graves (DSM-IV-TR, 2002, p. 400).

Si el estado de ánimo es irritable deben aparecer por lo menos cuatro de los síntomas anteriores y el discurso puede estar marcado por quejas o comentarios hostiles. Tal y como se ha afirmado con anterioridad, es característico que el sujeto tenga una autoestima exagerada y que incluso llegue tener ideas delirantes de grandeza. Cuando hay alucinaciones o ideas delirantes el contenido suele tener relación con el estado de ánimo, aunque no siempre. Existe también una disminución de la necesidad de dormir y en el caso de las manías más graves, el sujeto puede pasarse varios días sin dormir y no se siente cansado. El lenguaje se caracteriza sobre todo por ser rápido, fuerte y difícil de interrumpir, ya que pueden hablar sin parar durante horas. Esto es lo que se llama verborrea o logorrea. En cuanto al pensamiento, es relevante comentar que éste suele ser rápido e incluso a veces más rápido de lo que puede ser verbalizado. Con frecuencia hay fuga de ideas, es decir, cambios bruscos de un tema a otro y, cuando la fuga de ideas es grave, el lenguaje puede ser incoherente y desorganizado. Son características también de los cuadros maníacos, la agitación y la inquietud psicomotora. Es importante destacar que la desorganización que produce la alteración del estado de ánimo puede provocar un deterioro importante de la actividad o incluso requerir la hospitalización del paciente para prevenir las consecuencias negativas que se pueden derivar de los actos del sujeto. La vida sexual también se encuentra alterada. Ésta suele ser más satisfactoria porque se produce una amplificación de las sensaciones, llegando algunas veces, a la promiscuidad y exponiéndose a correr el riesgo de sufrir enfermedades de transmisión sexual. Es también una característica común la prodigalidad o el gasto desmesurado de dinero.

Finalmente, cabe destacar que durante un episodio maníaco la conducta se caracteriza por la escasa o nula percepción de riesgo, ya que un aspecto crucial de la manía es la ausencia de conciencia de enfermedad, siendo uno de los problemas más importantes el consumo de tóxicos. Es importante añadir que el episodio no se deberá ni a los efectos de una droga ni será producido por una enfermedad médica (DSM-IV-TR, 2002)

Episodio mixto: se caracteriza por un período de tiempo, como mínimo una semana, en el que se cumplen criterios, durante casi cada día, tanto para un episodio maníaco como para un episodio depresivo mayor (DSM-IV-TR, 2002). Es decir, en las fases mixtas el estado de ánimo varía con rapidez y se mezclan síntomas de depresión con síntomas maníacos. Los síntomas iniciales suelen ser la agitación, el insomnio, la alteración del apetito, los síntomas psicóticos y la ideación suicida. Lo más característico en estas fases es la ansiedad y la irritabilidad, siendo frecuentes también la disforia, la labilidad y el llanto (Colom, F.; Vieta, E., 2008). Según el DSM-IV-TR (2002), esta alteración no es producida por una enfermedad médica o por el consumo de sustancias y es lo suficiente grave como para provocar deterioro social o laboral.

El psiquiatra Emil Kraepelin (Citado en Colom, F.; Vieta, E., 2008, p. 148), fue el primero que definió los estados mixtos y describió seis subtipos: manía ansiosa, manía con pobreza de pensamiento, manía inhibida, estupor maníaco, depresión agitada y depresión con fuga de ideas. Aunque actualmente no se utiliza esta clasificación, es útil para hacernos conscientes de la gran variedad de formas que puede tener un episodio mixto. El DSM-IV-TR (2002), considera que la aparición de un episodio mixto comporta el diagnóstico de trastorno bipolar I, ya que su gravedad se equipara a la de la manía. Algunos datos sugieren que puede haber una predisposición bipolar en aquellas personas que presentan episodios similares a los mixtos después de un tratamiento somático para la depresión.

Episodio hipomaníaco: según el DSM-IV-TR (2002), se caracteriza por un período, que dura por lo menos cuatro días, en el que hay un estado de ánimo anormal y constantemente elevado, expansivo o irritable. El estado de ánimo se describe como eufórico, alegre o elevado. Al principio puede ser contagioso pero aquellos que conocen bien a la persona reconocen que es excesivo. Este período de estado de ánimo anormal se debe acompañar de otros tres síntomas de una lista que incluye:

> Aumento de la autoestima o grandiosidad, disminución de la necesidad de dormir, lenguaje verborreico, fuga de ideas, distraibilidad, aumento de las actividades intencionadas o agitación psicomotora e implicación excesiva en actividades placenteras con un alto potencial para producir consecuencias graves (DSM-IV-TR, 2002, p. 408).

Si el estado de ánimo en vez de ser expansivo es irritable, deben aparecer al menos 4 de los síntomas anteriores. Esta lista de síntomas es la misma que la que define un episodio maníaco, la diferencia es que no puede haber ideas delirantes o alucinaciones. Un episodio hipomaníaco no es tan grave como para producir un deterioro social o laboral importante y tampoco suele precisar hospitalización (DSM-

IV-TR, 2002). Todos los síntomas suelen ser más leves que en la manía y nunca se presentan síntomas psicóticos. Una de las características más frecuentes en cuadros de hipomanía es el aumento de la autoestima. También es frecuente que se produzca distraibilidad, lo cual se pone de manifiesto en los cambios rápidos en el discurso o la actividad. El paciente hipomaníaco suele hablar mucho, muy rápido, con un volumen muy alto y el pensamiento suele estar acelerado (taquipsiquia). La sociabilidad y la actividad sexual, pueden verse también aumentadas. Otros problemas que se derivan de las fases hipomaníacas son el consumo de tóxicos y el gasto desmesurado de dinero. Es necesario tener en cuenta algunos aspectos que podrían desencadenar un episodio hipomaníaco, como por ejemplo, el aumento brusco del ejercicio físico (Colom, F.; Vieta, E., 2008).

Según el DSM-IV-TR (2002), el estado de ánimo no se debe a una enfermedad médica o al consumo de sustancias y algunos datos sugieren que aquellos sujetos que presentan síntomas similares a los de la manía o la hipomanía tras algún tratamiento somático de la depresión, pueden presentar una propensión bipolar.

Episodio depresivo mayor: la fase depresiva del trastorno bipolar presenta algunas características que la diferencian de la depresión unipolar y de la depresión reactiva o situacional. En la fase depresiva del trastorno bipolar, la apatía predomina sobre la tristeza, la inhibición psicomotriz sobre la ansiedad y la hipersomnia sobre el insomnio. Por otro lado, la pérdida de peso y la anorexia es menor, mientras que la labilidad emocional y la probabilidad de desarrollar síntomas psicóticos es mayor. También, la edad de inicio del trastorno en las depresiones bipolares es menor, mientras que la incidencia de episodios posparto es mayor (Colom, F.; Vieta, E., 2004). Otras características de las formas bipolares, son los antecedentes familiares de manía y suicidio consumado, así como una buena respuesta al litio (Dunner, 1980. Citado en Colom, F.; Vieta, E., 2004, p. 10).

Según el DSM-IV-TR (2002), el episodio depresivo mayor se caracteriza por un período, de al menos dos semanas, en los que predomina un estado de ánimo deprimido con una disminución del interés o del placer en casi todas las actividades.

En los niños o adolescentes el estado de ánimo en lugar de caracterizarse por la tristeza, puede ser irritable o inestable. Cabe destacar que para que un episodio depresivo sea considerado como tal, el sujeto debe experimentar al menos cuatro de los síntomas siguientes:

Cambios de apetito o peso, del sueño y de la actividad psicomotora; falta de energía; sentimientos de infravaloración o culpa; dificultad para pensar, concentrarse o tomar decisiones, y pensamientos recurrentes de muerte o ideación, planes o intentos suicidas (DSM-IV-TR, 2002, p.391).

Los síntomas deben aparecer casi cada día, durante dos semanas como mínimo, y se han de mantener durante la mayor parte del día. El episodio supone un malestar clínico significativo, deterioro laboral, social o de otras áreas importantes. La actividad puede parecer normal en sujetos con un episodio depresivo leve, pero ello se consigue a costa de un gran esfuerzo. Normalmente el sujeto con un episodio depresivo mayor refiere sentirse deprimido, triste, desanimado o desesperanzado.
La mayoría de las veces se produce una pérdida de los intereses y lo que llamamos anhedonia, que es la pérdida de la capacidad para el placer (DSM-IV-TR, 2002).

La depresión bipolar se caracteriza sobre todo por una gran pérdida de interés por cosas que habitualmente resultaban placenteras, como por ejemplo, pasear con la persona amada, dedicar tiempo a algún hobby... (Colom, F.; Vieta, E., 2008, p. 62).

Es frecuente que se produzca una disminución o un aumento del apetito, trastornos del sueño y también, pueden aparecer alteraciones psicomotoras que son lo suficientemente graves como para ser observables por otros. Es habitual la falta de energía, la fatiga o el cansancio; los sentimientos de culpa o inutilidad; la disminución de la concentración, de la memoria o de la capacidad para pensar. Otros síntomas habituales son los pensamientos de muerte y la ideación o las tentativas de suicidio (DSM-IV-TR, 2002).

Es necesario tener en cuenta que si el sujeto presenta síntomas que cumplen los criterios de un episodio mixto, no se realiza el diagnóstico de episodio depresivo mayor, por lo que es importante obtener información de otras fuentes para clarificar el diagnóstico. En ancianos, es frecuente la clínica de pseudodemencia y en pacientes jóvenes, a veces, aparecen síntomas catatoniformes o de estupor (Colom, F.; Vieta, E., 2004).

Cabe mencionar que el episodio depresivo mayor no se produce como consecuencia de una enfermedad médica y tampoco se debe a los efectos del consumo de drogas o a los efectos secundarios de medicamentos (DSM-IV-TR, 2002).

Colom, F.; Vieta, E. (2008), inciden en que sí que se pueden destacar como desencadenantes de la depresión bipolar el consumo de ciertas sustancias, sobre todo el alcohol, la cocaína y la marihuana. Así mismo, los cambios estacionales, dormir en exceso, la falta de actividad y el parto, también pueden ser desencadenantes de un episodio depresivo.

2.2 Clasificación y diagnóstico

A partir de la clasificación que hace el DSM-IV-TR, Vieta, E. (Citado en Vallejo Ruiloba, J., 2006, p. 521) presenta la siguiente tabla:

CATEGORÍAS	- Trastorno bipolar I - Trastorno bipolar II - Trastorno ciclotímico - Trastorno bipolar no especificado
SEGÚN EL EPISODIO ACTUAL O MÁS RECIENTE	- Maníaco - Hipomaníaco - Mixto - Depresivo
SEGÚN LA GRAVEDAD DEL EPISODIO	- Leve - Moderado - Grave, sin síntomas psicóticos - Grave, con síntomas psicóticos - En remisión parcial - En remisión total
SEGÚN EL CURSO LONGITUDINAL	- Con recuperación interepisódica total - Sin recuperación interepisódica total
PATRONES ESPECÍFICOS DE CURSO	- Con patrón estacional - Con ciclos rápidos
ESPECIFICACIONES EN EL EPISODIO DEPRESIVO	- Crónico - Con síntomas melancólicos - Con síntomas atípicos
OTRAS ESPECIFICACIONES	- Con síntomas catatónicos - De inicio en el posparto

Para llevar a cabo el diagnóstico del trastorno bipolar hemos de tomar como punto de partida los criterios que propone el DSM-IV-TR (2002). En esta clasificación se hace referencia al trastorno bipolar I, al trastorno bipolar II, la ciclotimia y el trastorno bipolar no especificado.

Según el manual diagnóstico y estadístico de los trastornos mentales (DSM-IV-TR, 2002, pp. 433-448), para poder diagnosticar un trastorno bipolar se deben cumplir los siguientes criterios:

F30. x Trastorno bipolar I, episodio maníaco único [296.0x]

A. Presencia de un único episodio maníaco, sin episodios depresivos mayores anteriores.

B. El episodio maníaco no se explica mejor por la presencia de un trastorno esquizoafectivo y no está superpuesto a una esquizofrenia, un trastorno esquizofreniforme, un trastorno delirante o un trastorno psicótico no especificado.

Especificar si:
Mixto: si los síntomas cumplen los criterios para un episodio mixto.

Si cumplen todos los criterios de un episodio maníaco, mixto o depresivo mayor, especificar su estado clínico actual y/o los síntomas:
Leve, moderado, grave sin síntomas psicóticos/grave con síntomas psicóticos
Con síntomas catatónicos
De inicio en el posparto

Si no se cumplen todos los criterios de un episodio maníaco, mixto o depresivo mayor, especificar el estado clínico actual del trastorno bipolar I o los rasgos del episodio más reciente:

En remisión parcial, en remisión total
Con síntomas catatónicos
De inicio en el posparto

F31.0 Trastorno bipolar I, episodio más reciente hipomaníaco [296.40]

A. Actualmente (o el más reciente) en un episodio hipomaníaco.

B. Previamente se ha presentado al menos un episodio maníaco o un episodio mixto.

C. Los síntomas afectivos provocan un malestar clínicamente significativo o un deterioro social, laboral o de otras áreas importantes de la actividad del individuo.

D. Los episodios afectivos en los Criterios A y B no se explican mejor por la presencia de un trastorno esquizoafectivo y no están superpuestos a una esquizofrenia, un trastorno esquizofreniforme, un trastorno delirante o un trastorno psicótico no especificado.

Especificar:
Especificaciones de curso longitudinal (con y sin recuperación interepisódica)
Con patrón estacional (sólo es aplicable al patrón de los episodios depresivos mayores)
Con ciclos rápidos (cuatro o más episodios en un año)

F31.x Trastorno bipolar I, episodio más reciente maníaco [296.4x]

A. Actualmente (o el más reciente) en un episodio maníaco.

B. Previamente se ha presentado al menos un episodio depresivo mayor un episodio maníaco o un episodio mixto.

C. Los episodios afectivos en los Criterios A y B no se explican mejor por la presencia de un trastorno esquizoafectivo y no están superpuestos a una esquizofrenia, un trastorno esquizofreniforme, un trastorno delirante o un trastorno psicótico no especificado.

Si se cumplen todos los criterios de un episodio maníaco, especificar su estado clínico actual y/o los síntomas:
Leve, moderado, grave sin síntomas psicóticos/grave con síntomas psicóticos
Con síntomas catatónicos
De inicio en el posparto

Si no se cumplen todos los criterios de un episodio maníaco, especificar el estado clínico actual del trastorno bipolar I y/o los síntomas del episodio maníaco más reciente:
En remisión parcial, en remisión total
Con síntomas catatónicos
De inicio en el posparto

Especificar:
Especificaciones de curso longitudinal (con o sin recuperación interepisódica)
Con patrón estacional (sólo es aplicable al patrón de los episodios depresivos mayores)
Con ciclos rápidos

F31.6 Trastorno bipolar I, episodio más reciente mixto [296.6x]

A. Actualmente (o el más reciente) en un episodio mixto.

B. Previamente se ha presentado al menos un episodio depresivo mayor, un episodio maníaco o un episodio mixto.

C. Los episodios afectivos en los Criterios A y B no se explican mejor por la presencia de un trastorno esquizoafectivo y no están superpuestos a una esquizofrenia, un trastorno esquizofreniforme, un trastorno delirante o un trastorno psicótico no especificado.

Si se cumplen todos los criterios de un episodio mixto, especificar su estado clínico actual y/o los síntomas:
Leve, moderado, grave sin síntomas psicóticos/grave con síntomas psicóticos
Con síntomas catatónicos
De inicio en el posparto

Si no se cumplen todos los criterios de un episodio mixto,, especificar el estado clínico actual del trastorno bipolar I y/o los síntomas del episodio mixto más reciente:
En remisión parcial, en remisión total
Con síntomas catatónicos
De inicio en el posparto

Especificar:
Especificaciones de curso longitudinal (con o sin recuperación interepisódica)
Con patrón estacional (sólo es aplicable al patrón de los episodios depresivos mayores)
Con ciclos rápidos

F31x Trastorno bipolar I, episodio más reciente depresivo [296.5x]

A. Actualmente (o el más reciente) en un episodio depresivo mayor.

B. Previamente se ha presentado al menos un episodio maníaco o un episodio mixto.

C. Los episodios afectivos en los Criterios A y B no se explican mejor por la presencia de un trastorno esquizoafectivo y no están superpuestos a una esquizofrenia, un trastorno esquizofreniforme, un trastorno delirante o un trastorno psicótico no especificado.

Si se cumplen todos los criterios de un episodio depresivo mayor, especificar su estado clínico actual y/o los síntomas:
Leve, moderado, grave sin síntomas psicóticos/grave con síntomas psicóticos
Crónico
Con síntomas catatónicos
Con síntomas melancólicos
Con síntomas atípicos
De inicio en el posparto

Si no se cumplen todos los criterios de un depresivo mayor, especificar el estado clínico actual del trastorno bipolar I y/o los síntomas del episodio mixto más reciente:
En remisión parcial, en remisión total
Crónico
Con síntomas catatónicos
Con síntomas melancólicos
Con síntomas atípicos
De inicio en el posparto

Especificar:
Especificaciones de curso longitudinal (con y sin recuperación interepisódica)
Con patrón estacional (sólo es aplicable al patrón de los episodios depresivos mayores)
Con ciclos rápidos

F31.9 Trastorno bipolar I, episodio más reciente no especificado (296.7)

A. Actualmente (o en el episodio más reciente) se cumplen los criterios, excepto en la duración, para un episodio maníaco (v. Pág. 338), un episodio hipomaníaco, un episodio mixto o un episodio depresivo mayor.

B. Previamente se han presentado al menos un episodio maníaco o un episodio mixto.

C. Los síntomas afectivos provocan un malestar clínicamente significativo o un deterioro social, laboral o de otras áreas importantes de la actividad del individuo.

D. Los episodios afectivos en los Criterios A y B no se explican mejor por la presencia de un trastorno esquizoafectivo y no están superpuestos a una esquizofrenia, un trastorno esquizofreniforme, un trastorno delirante o un trastorno psicótico no especificado.

E. Los síntomas afectivos en los Criterios A y B no son debidos a los efectos fisiológicos de una sustancia (por ej., una droga, un medicamento u otro tratamiento) ni a una enfermedad médica (por ej., hipertiroidismo).

Especificar:
Especificaciones de curso longitudinal (con y sin recuperación interepisodios)
Con patrón estacional (sólo es aplicable al patrón de los episodios depresivos mayores)
Con ciclos rápidos

F31.8 Trastorno bipolar II (296.89)

A. Presencia (o historia) de uno o más episodios depresivos mayores.

B. Presencia (o historia) de al menos un episodio hipomaníaco.

C. No ha habido ningún episodio maníaco ni un episodio.

D. Los síntomas afectivos en los Criterios A y B no se explican mejor por la presencia de un trastorno esquizoafectivo y no están superpuestos a una esquizofrenia, un trastorno esquizofreniforme, un trastorno delirante o un trastorno psicótico no especificado.

E. Los síntomas provocan malestar clínicamente significativo o deterioro social/laboral o de otras áreas importantes de la actividad del individuo.

Especificar el episodio actual o más reciente:
Hipomaníaco: si el episodio actual (o más reciente) es un episodio hipomaníaco
Depresivo: si el episodio actual (o más reciente) es un episodio depresivo mayor

Especificar (para el episodio depresivo mayor actual o el más reciente sólo si es el tipo más reciente de episodio afectivo):

Leve, moderado, grave sin síntomas psicóticos/grave con síntomas psicóticos

Crónico

Con síntomas catatónicos

Con síntomas melancólicos

Con síntomas atípicos

De inicio en el período posparto

Si no se cumplen todos los criterios de un episodio hipomaníaco o depresivo mayor, especificar el estado clínico actual del trastorno bipolar II y/o los síntomas del episodio depresivo mayor más reciente:

En remisión parcial, en remisión total

Crónico

Con síntomas catatónicos

Con síntomas melancólicos

Con síntomas atípicos

De inicio en el posparto

Especificar:

Especificaciones de curso longitudinal (con y sin recuperación interepisódica)

Con patrón estacional (sólo es aplicable al patrón de los episodios depresivos mayores)

Con ciclos rápidos

F34.0 Trastorno ciclotímico (301.13)

A. Presencia, durante al menos 2 años, de numerosos períodos de síntomas hipomaníacos y numerosos períodos de síntomas depresivo que no cumplen los criterios para un episodio depresivo mayor.

Nota: En los niños y adolescentes la duración debe ser de al menos 1 año.

B. Durante el período de más de 2 años (1 año en niños y adolescentes) la persona no ha dejado de presentar los síntomas del Criterio A durante un tiempo superior a los 2 meses.

C. Durante los primeros 2 años de la alteración no se ha presentado ningún episodio depresivo mayor, episodio maníaco o episodio mixto.

Nota: Después de los 2 años iniciales del trastorno ciclotímico (1 año en los niños y adolescentes), puede haber episodios maníacos o mixtos superpuestos al trastorno ciclotímico (en cuyo caso se diagnostican ambos trastornos, el ciclotímico y el trastorno bipolar I) o episodios depresivos mayores (en cuyo caso se diagnostican ambos trastornos, el ciclotímico y el trastorno bipolar II).

D. Los síntomas del Criterio A no se explican mejor por la presencia de un trastorno esquizoafectivo y no están superpuestos a una esquizofrenia, un trastorno esquizofreniforme, un trastorno delirante o un trastorno psicótico no especificado.

E. Los síntomas no son debidos a los efectos fisiológicos directos de una sustancia (por ej., una droga, un medicamento) o a una enfermedad médica (por ej., hipertiroidismo).

F. Los síntomas provocan malestar clínicamente significativo o deterioro social, laboral o de otras áreas importantes de la actividad del individuo.

F31.9 Trastorno bipolar no especificado [296.80]

La categoría de trastorno bipolar no especificado incluye los trastornos con características bipolares que no cumplen los criterios para ningún trastorno bipolar específico.

El diagnóstico del trastorno bipolar se basa en criterios estandarizados, por lo que existen algunas discrepancias entre los profesionales a la hora de interpretarlos. Se prevé que en las clasificaciones futuras se mejoren los síntomas clínicos y las pruebas diagnósticas, ya que todavía no poseemos pruebas totalmente específicas (Colom, F.; Vieta, E., 2004).

Progresivamente se producen avances para realizar mejores diagnósticos y mejorar la formación de los profesionales para que sepan detectar, diagnosticar y tratar el trastorno bipolar (Colom, F.; Vieta, E., 2008).

3. Etiología

Las teorías actuales que hacen referencia a las causas de la enfermedad bipolar, se basan en un modelo biopsicosocial ya que integran hallazgos genéticos, neuroquímicos, hormonales, neuroanatómicos, conductuales, psicológicos y sociales. En el trastorno bipolar es evidente que los factores genéticos son fundamentales, son el sustrato del trastorno, pero cabe decir que sólo explican una parte del riesgo de desarrollar la enfermedad. Sobre este sustrato actúan factores ambientales de índole biológica, como podrían ser los cambios hormonales o algunas lesiones cerebrales. También actúan factores psicológicos y sociales, por lo que es necesario prestar atención a los acontecimientos estresantes y el soporte social. Finalmente, cabe destacar la importancia de los cambios estacionales, ya que pueden ejercer una influencia en esta enfermedad (Vieta, E. Citado en Vallejo Ruiloba, J., 2006, p. 514).

En general, hemos de tener en cuenta por un lado, los factores genéticos responsables de la vulnerabilidad a padecer un determinado trastorno y, por otro lado, los factores implicados en la respuesta al estrés, ya que en el caso del trastorno bipolar, son responsables del inicio y la precipitación de nuevos episodios (Colom, F.; Vieta, E., 2004).

3.1 Factores genéticos

Los estudios genéticos, especialmente los que se han llevado a cabo con gemelos monocigóticos y heterocigóticos, muestran que la herencia ejerce un papel importante en la etiopatogenia de la enfermedad. En estos estudios se observa que la coincidencia de la enfermedad en gemelos idénticos es de un 62%, mientras que en gemelos bivitelinos es inferior al 14%. Los factores genéticos también participan en la expresión clínica y en el curso de la enfermedad (Vieta, E. Citado en Vallejo Ruiloba, J., 2006, p. 514). Miklowitz, D. J. (2004), afirma que si la enfermedad fuera totalmente genética, la proporción entre gemelos idénticos sería del cien por cien. Puesto que no es así, es evidente que existen otras causas no genéticas de carácter ambiental.

Diversos estudios señalan que se pueden producir dos fenómenos interesantes en la herencia de los trastornos bipolares. Por un lado, la enfermedad puede saltar una o varias generaciones y por otra parte, no se hereda siempre la misma forma de la enfermedad. Los estudios genéticos no hacen referencia a un único gen sino a un conjunto de ellos (Colom, F.; Vieta, E., 2008).

Wals y cols. (2003) llevaron a cabo un estudio en el comprobaron que 32 de 140 descendientes de padres con trastorno bipolar, habían padecido trastornos del estado de ánimo al principio de la adolescencia y experimentaban mayores niveles de estrés que aquellos que no los habían padecido (Citado en Vázquez-Barquero, J; Artal Simón, J; Crespo Facorro, B., 2005, p. 67).

Miklowitz, D. J. (2004), afirma que uno de cada cinco parientes de primer grado de una persona con trastorno bipolar sufre algún trastorno del estado de ánimo. En general, cerca de un 8% de los parientes de primer grado de una persona afectada, tienen trastorno bipolar y cerca de un 12% tienen un trastorno depresivo mayor sin episodios maníacos o hipomaníacos.

Cabe destacar que existen diferencias genéticas entre el trastorno bipolar tipo I y el trastorno bipolar tipo II, ya que los pacientes bipolares II tienden a tener más familiares unipolares y bipolares tipo II que los pacientes bipolares I (Coryell, W.; Endicott, J.; Reich, T. y cols., 1984). Todavía no es posible representar numéricamente la vulnerabilidad genética de una persona al trastorno, de manera que se suele describir en función de términos generales. La vulnerabilidad será baja, media o alta en función de la genealogía de la persona. Si el árbol genealógico de una persona se encuentra marcado por individuos que sufren trastorno bipolar o algún otro trastorno del estado de ánimo, la vulnerabilidad será alta. Si existe un trastorno bipolar u otros trastornos del estado de ánimo en varias generaciones, la vulnerabilidad será aun más alta que en aquellas personas en las que sólo se presente en una generación. Y, la vulnerabilidad será baja, cuando sólo haya un pariente de primer grado que haya sufrido un trastorno distímico y no haya ninguno que haya sufrido un trastorno bipolar (Miklowitz, D. J., 2004).

Yatham L. N. (2005), pone de manifiesto que los rápidos avances de la genética molecular y de la neuroimagen desempeñarán un papel importante en el avance de nuestra comprensión del trastorno bipolar en el futuro. Estudios de genética molecular han identificado algunos genes que pueden conferir una predisposición al desarrollo del trastorno bipolar.

3.2 Factores biológicos

Existen estudios que reflejan que los cambios del estado de ánimo de los pacientes con trastorno bipolar, se deben a alteraciones en algunos sistemas de neurotransmisión del cerebro (Goodwin y Jamison, 1990. Citado en Pichot P., 2004, p. 22). En esta enfermedad hay ciertas moléculas o sustancias químicas del cerebro, los neurotransmisores, cuyo nivel de producción es demasiado alto o demasiado bajo. Es decir, las personas con trastorno bipolar sufren una descompensación química de los neurotransmisores de dopamina, norepinefrina, acetilcolina, serotonina y GABA (Miklowitz, D. J., 2004). El exceso de dopamina estaría implicado en la hiperactividad maníaca, mientras que un descenso de la misma, podría estar implicado en la apatía depresiva (Colom, F.; Vieta, E., 2008).

Vieta, E., señala que durante la fase depresiva se observan modificaciones en la sensibilidad de los receptores postsinápticos y una producción excesiva de factor liberador de corticotropina por parte de los núcleos paraventriculares del hipotálamo. Los estudios en pacientes maníacos son más difíciles debido a las dificultades que comporta el estado en el que se encuentra el paciente (Citado en Vallejo Ruiloba, J., 2006, p. 515).

Se puede afirmar que las alteraciones del sueño tienen un papel importante en el viraje de una a otra fase (depresión-manía) y en las recaídas de la enfermedad. Tanto en la fase depresiva como en la fase maníaca, se producen cambios en el ritmo del sueño. La fase maníaca se caracteriza por una disminución de horas de sueño y una cierta fragmentación del mismo, mientras que durante la fase depresiva muchos pacientes refieren dormir más horas, excepto cuando la depresión es grave, ya que aparece el insomnio propio de la melancolía (Vieta, E. Citado en Vallejo Ruiloba, J., 2006, p. 516).

Es importante destacar que la vulnerabilidad biológica puede que se encuentre en estado latente hasta que sea activada por diversos desencadenantes, como sucesos estresantes, conflictos o cambios en la vida, trastornos del sueño... (Miklowitz, D. J., 2004).

La causa del trastorno bipolar es estrictamente biológica, mientras que los desencadenantes – los que encienden la mecha – pueden ser ambientales, tóxicos u orgánicos (Colom, F.; Vieta, E., 2008, p. 191).

Colom, F.; Vieta, E. (2008), destacan que existen distintos tipos de desencadenantes y los clasifican en ambientales, biológicos y tóxicos o farmacológicos. Los desencadenantes de tipo ambiental serían la deprivación del sueño, el estrés sostenido o agudo y los acontecimientos vitales, tanto positivos como negativos. Los desencadenantes de tipo biológico podrían ser el parto o la menstruación. Y, los desencadenantes de tipo tóxico o farmacológico, podrían ser la deprivación de nicotina o el abuso de alcohol, café, cannabis, cocaína, antidepresivos, antipsicóticos y corticoides. En muchos casos el primer episodio está precedido por un desencadenante claro, pero a partir de ese momento, la enfermedad se independiza de las circunstancias que la desencadenaron.

3.3 Factores psicosociales

Se ha demostrado que en sujetos que son vulnerables genéticamente, los acontecimientos vitales o los sucesos estresantes a los que una persona se ve sometida, pueden intervenir en la aparición de la enfermedad e influir en el desencadenamiento de las recaídas (Ellicott, A.; Hammen, C.; Gitlin, M. y cols., 1990). El entorno en el que un individuo se desarrolla en la infancia, también puede influir en la aparición del trastorno. Ogendahl y cols. (2002), llevaron a cabo una investigación en la que compararon a un grupo sujetos que habían perdido a la madre o al padre antes de los cinco años de edad, con otro que no había perdido a ninguno de sus progenitores y, descubrieron que la pérdida de uno de los dos progenitores antes de los cinco años, estaba asociada a un mayor riesgo de padecer un trastorno bipolar (Citado en Vázquez-Barquero, J; Artal Simón, J; Crespo Facorro, B., 2005, p. 66).

Por otra parte, los factores sociales heredados podrían estar asociados al desarrollo del trastorno bipolar en personas con riesgo de padecerlo, ya que el entorno familiar podría influir en el desarrollo de la autoestima del niño y en las opiniones que éste tiene acerca de sí mismo y sobre otros (Scott, J. Citado en Vázquez-Barquero, J; Artal Simón, J; Crespo Facorro, B., 2005, p. 67).

Vieta, E. (Citado en Vallejo Ruiloba, J., 2006, p. 517), señala que es difícil determinar la influencia de los factores estresantes sobre la enfermedad porque muchas de las causas aparentes son consecuencias del propio trastorno. Lo que sí se puede afirmar es que el curso de la enfermedad conlleva un progresivo deterioro social. El apoyo social tiene un valor predictivo ya que los pacientes que tienen un escaso soporte, cumplen peor el tratamiento y son diagnosticados y tratados de forma más tardía. En cuanto a la personalidad, no parece existir un patrón característico en pacientes bipolares, pero si los comparamos con los unipolares, parecen ser más extrovertidos, impulsivos y presentan niveles más elevados de perfeccionismo.

Si se compara a los individuos con trastorno bipolar de otros sujetos sanos, se puede apreciar que los primeros son más neuróticos, tienen menos autoestima, niveles más altos de dependencia interpersonal y una personalidad menos fuerte. Un estudio elaborado por Hammen y cols., (1989) mostró que los sujetos que habían presentado mayores niveles de dependencia interpersonal, experimentaban una exacerbación de los síntomas depresivos como respuesta a los acontecimientos vitales interpersonales (Citado en Vázquez-Barquero, J; Artal Simón, J; Crespo Facorro, B., 2005, p. 68). Vieta, E., añade que algunos aspectos de personalidad parecen ser más bien consecuencias que causas de la enfermedad y algunas características de los pacientes bipolares, serían más atribuibles al temperamento que a la personalidad (Citado en Vallejo Ruiloba, J., 2006, p. 517).

3.4 Factores estacionales

Tras largos años de investigación se ha comprobado que los cambios estacionales tienen efectos sobre el estado de ánimo y desempeñan un papel muy importante en el trastorno bipolar. Según diversos estudios sobre hospitalizaciones, es frecuente que se produzca un mayor índice de depresión en primavera y en otoño, mientras que las fases maniacas parecen concentrarse sobre todo en verano. Es probable que la luminosidad sea un factor relevante. Es necesario destacar que en la actualidad, el curso natural de la enfermedad se puede ver modificado por el consumo de psicofármacos, especialmente antidepresivos (Vieta, E. Citado en Vallejo Ruiloba, J., 2006, p. 518).

Es necesario prestar atención a todos los factores que pueden influir en la enfermedad, ya que una de las consecuencias más graves es el suicidio. El porcentaje de suicidio consumado en las personas que padecen un trastorno bipolar se sitúa entre un 10 y un 15% (DSM-IV-TR, 2002).

4. Pronóstico y complicaciones

En el trastorno bipolar las principales áreas que se ven afectadas son el rendimiento laboral y la integración social.

En un estudio del *National institute for mental health* (NIMH) de Estados Unidos, menos de la mitad de los pacientes ingresados por trastorno bipolar regresaron a su puesto de trabajo tras el alta. A los 2 años, una tercera parte de la muestra presentaba problemas de rendimiento laboral, y a los 5, incluso los pacientes que habían permanecido compensados a lo largo de los últimos 2 años presentaban deterioro en su funcionamiento social (Carlson y cols., 1974; Coryell y cols., 1987; Coryell y cols., 1993. Citado en Vallejo Ruiloba, J.; Gastó Ferrer, C., 1999, p. 353).

Según la organización mundial de la salud, el trastorno bipolar es la sexta causa de discapacidad en el mundo. Prácticamente la mitad de las personas que padecen esta enfermedad tienen dificultades para mantener su empleo. Una persona que sufre un trastorno bipolar descompensado no puede tener una actividad laboral regular. Otro de los grandes problemas que tienen estas personas es la ruptura de la red social, ya que no es fácil la compañía de los amigos cuando se padece este trastorno (Colom, F.; Vieta, E., 2008).

Desde este punto de vista, el pronóstico es malo, aunque con un adecuado tratamiento farmacológico y una correcta ayuda psicoterapéutica la gravedad del trastorno quedaría reducida. Del 15 al 30% de las muertes se producen por suicidio, lo cual significa que junto con la depresión unipolar, es la enfermedad con mayor riesgo suicida (Vieta, E. Citado en Vallejo Ruiloba, J., 2006. p. 523). La tasa de mortalidad de los pacientes que padecen esta enfermedad es dos o tres veces superior a la de la población general. Existen indicios de que los pacientes bipolares intentan el suicidio de una manera más precoz que los unipolares (Tsuang y Woolson, 1977; Goodwin y Jamison, 1984; Vieta y cols., 1977. Citado en Vallejo Ruiloba, J.; Gastó Ferrer, C., 1999, p. 353).

Los factores más importantes que hay que tener en cuenta y que indican un mal pronóstico, son la presencia de antecedentes familiares de trastorno bipolar I, la ciclación rápida, un elevado número de episodios previos, una edad de inicio temprana, la presencia de síntomas mixtos, la aparición de síntomas psicóticos no congruentes con el estado de ánimo, la presencia de un patrón estacional, el abuso de sustancias, un bajo apoyo social, la existencia de trastornos de personalidad comórbidos o el mal cumplimiento del tratamiento farmacológico (Vieta, E., 1997. Citado en Vallejo Ruiloba, J., 2006, p. 523). Se entiende por mal cumplimiento la incapacidad del paciente para seguir las instrucciones de su psicólogo y de su psiquiatra, el mal cumplimiento no sólo hace referencia al hecho de que el paciente no tome su medicación (Colom, F.; Vieta, E., 2004).

La complicación más grave del trastorno bipolar es el suicidio, por ello, es importante hablar de este tema en la consulta ya que si no facilitamos su expresión puede que esta idea no sea verbalizada por el paciente. Otras complicaciones que, como se ha comentado con anterioridad, empeoran el pronóstico, son la ciclación rápida, la cronificación, el abuso de sustancias, la ruptura conyugal, la conflictividad familiar, las pérdidas económicas, el deterioro laboral, el deterioro de la red social y la dependencia afectiva. Para prevenir la mayor parte de estas complicaciones es fundamental un tratamiento farmacológico adecuado junto con una terapia psicoeducativa ya que, como veremos posteriormente, este tipo de terapias ha demostrado una gran eficacia en el tratamiento del trastorno bipolar (Vallejo Ruiloba, J., 2006).

II TRATAMIENTOS

1. Tratamientos psicofarmacológicos

A grandes rasgos, existen tres tipos de tratamientos para el trastorno bipolar: los fármacos, las terapéuticas biofísicas y la psicoterapia. Los fármacos son imprescindibles, las terapéuticas biofísicas, como la terapia electro convulsiva (TEC), son aconsejables en aquellos casos en los que no se produce una buena respuesta a los fármacos y, la psicoterapia suele ser un complemento necesario (Colom, F.; Vieta, E., 2008).

Desde hace años se sabe que la medicación es el principal tratamiento para el trastorno bipolar. Se sabe que una persona se encuentra mejor si sigue con constancia el tratamiento, pero también es cierto que la medicación exige una supervisión tanto por parte de la persona afectada como por parte del médico, ya que los efectos secundarios pueden estar presentes (Miklowitz, D. J., 2004).

Si se plantea en que beneficia la medicación a una persona que sufre este trastorno, se puede destacar que existen estudios que han puesto de manifiesto que la proporción media de recaídas es del 34% durante períodos de tratamiento que van de cinco a 40 meses, mientras que la proporción de recaídas cuando se usan placebos es del 81%. Pero es aún más importante el hecho de que el tratamiento a largo plazo con estabilizadores del estado de ánimo, reduce las posibilidades de que las personas con trastorno bipolar cometan intentos de suicidio (Baldessarini y cols, 1999; Tondo y cols, 1998. Citado en Miklowitz, D. J., 2004, p. 143). Por todo ello, es importante que el tratamiento farmacológico se acompañe de una información exhaustiva acerca de la importancia de su cumplimiento. Es necesario explicar al paciente la naturaleza recurrente de la enfermedad (Colom y cols., 1998. Citado en Vallejo Ruiloba, J., 2006, p. 523).

Miklowitz, D. J. (2004), afirma que desde el punto de vista de la medicación, se puede considerar que el trastorno bipolar tiene una fase aguda y una fase preventiva. La medicación en estas fases puede ser diferente, ya que es probable que durante la fase aguda las dosis de medicación sean más elevadas que durante la fase de mantenimiento. El objetivo en la fase aguda es que la persona "baje" de un episodio maníaco o que "suba" de un episodio depresivo, mientras que en la fase preventiva o de mantenimiento lo que se intenta es que la persona se sienta bien e impedir que se desarrollen unos síntomas más graves. Es frecuente que los pacientes tomen la medicación durante la fase aguda pero que la dejen durante la fase de mantenimiento por pensar que ya no la necesitan. La consecuencia es que rápidamente sufren recaídas.

Es relevante destacar tres ventajas de cumplir la medicación para la persona afectada:

> Permite controlar y resolver los episodios que ya se han iniciado. Retrasa el inicio de futuros episodios y minimiza la gravedad de los que se producen. Reduce la gravedad de los síntomas que se experimentan entre los episodios (Miklowitz, D. J., 2004, p. 144).

La mayoría de las personas que padecen un trastorno bipolar deben seguir medicándose durante toda su vida porque, como se ha dicho en puntos anteriores, este trastorno esta asociado a unos desequilibrios biológicos, es decir, supone una vulnerabilidad biológica que exige tratamiento a largo plazo. La finalidad de la medicación no es evitar únicamente que se produzcan nuevos episodios, sino también, reducir la gravedad y la duración de posibles recaídas (Colom, F.; Vieta, E., 2004)

1.1 Tipos de medicación

En el tratamiento del trastorno bipolar los fármacos principales son los estabilizadores del estado de ánimo. Éstos se suelen administrar durante las fases agudas y también durante las fases de mantenimiento. Según Miklowitz, D. J. (2004), para que un fármaco se considere un estabilizador del estado de ánimo tiene que ser eficaz en el tratamiento de los episodios maníacos, mixtos o depresivos y, debe impedir el inicio de nuevos episodios a largo plazo durante las fases de mantenimiento. Los principales estabilizadores del estado de ánimo utilizados en la actualidad son las sales de litio y los antiepilépticos, como el valproato sódico o la carbamazepina.

La primera sustancia que demostró su eficacia para la estabilización del estado de ánimo y para prevenir nuevos episodios maníacos o depresivos, en las personas con trastorno bipolar, fue las sales de litio, el estabilizador del estado de ánimo más conocido. Sin duda, es el fármaco más indicado para este trastorno ya que tiene un alto poder preventivo (Colom, F.; Vieta, E., 2004). Existen estudios que señalan que entre el 60 y el 70% de las personas tratadas con sales de litio, muestran una remisión de los síntomas (Goldberg, 2000; Goodwin y Zis, 1979. Citado en Miklowitz, D. J., 2004, p. 149).

Respecto a las ventajas que proporciona las sales de litio, cabe destacar su potente acción preventiva y su acción antisuicida, ya que varios estudios concluyen que los pacientes que son tratados con sales de litio protagonizan menos intentos de suicidio (Colom, F.; Vieta, E., 2008).

Es relevante mencionar que todos los estabilizadores del estado de ánimo poseen efectos secundarios. En el caso de las sales de litio, los más frecuentes son la sequedad de boca, la retención de líquidos, la micción frecuente, la fatiga, el persistente gusto metálico y la diarrea. Los efectos secundarios más molestos son el aumento de peso, los problemas de memoria, el temblor de manos o la aparición de enfermedades de la piel. La función renal también se puede ver afectada cuando se toma litio durante un período de tiempo prolongado. El tratamiento con litio supone que el médico y el paciente encuentren un equilibrio, es decir, un nivel en sangre suficiente para estabilizar el estado de ánimo (Miklowitz, D. J., 2004).

Es importante señalar que algunos medicamentos antiepilépticos también tienen propiedades estabilizadoras del estado de ánimo. Uno de estos medicamentos es el valproato sódico o el ácido valproico, que es tan eficaz como el litio para controlar los episodios maníacos y, puede ser incluso mejor, para controlar los episodios mixtos. Las ventajas que presenta el valproato sódico frente a las sales de litio es que los efectos secundarios son menos graves, parece actuar con más rapidez y la dosis se puede aumentar más rápido sin que se produzcan efectos secundarios graves. El acido valproico parece ser más eficaz para aquellas personas que sufren episodios mixtos o ciclos rápidos (Bowden y cols., 1994, 1996, 2000; Swann y cols., 1997; Weis y cols., 1998. Citado en Miklowitz, D. J., 2004, p. 155). Los efectos secundarios que puede ocasionar es la reducción de la producción de plaquetas. También, al ser metabolizado por el hígado, puede inducir un aumento de las enzimas hepáticas y en casos muy raros puede producir hepatitis. Cuando una persona empieza a consumir valproato sódico puede sentir náuseas, somnolencia o sedación, indigestión y temblor de manos, pero estos efectos suelen desaparecer pronto. Algunas personas pueden experimentar pérdida de cabello, pero lo más preocupante, es que la persona sufra un importante aumento de peso que puede agravar otras enfermedades. Cabe señalar, que de todos los psicofármacos, el valproato es el que mayor riesgo tiene de inducir malformaciones en el feto si se toma durante el embarazo (Colom, F.; Vieta, E., 2008).

El estabilizador menos popular de los tres principales es la carbamazepina ya que puede ser difícil encontrar la dosis adecuada y los efectos secundarios que pueden aparecer pueden ser bastante problemáticos. Sin embargo, la carbamazepina se suele recetar cuando un paciente presenta problemas con los efectos secundarios del valproato sódico. La carbamazepina también es un medicamento antiepiléptico, pero hay muchos estudios que confirman su eficacia en los trastornos del estado de ánimo, especialmente en el tratamiento de las fases maníacas agudas. Al igual que el valproato, la carbamazepina suele ser eficaz para las personas que padecen trastorno bipolar y no responden bien al litio (Post y cols., 1987; Ketter y cols., 1998. Citado en Miklowitz, D. J., 2004, p. 157). Los efectos más frecuentes de la carbamazepina suelen ser la somnolencia, las náuseas, los problemas de memoria, la visión borrosa, el estreñimiento o la pérdida de la coordinación muscular. Este medicamento a diferencia de los anteriores no provoca un aumento de peso, pero el efecto secundario más grave es una reacción de la médula ósea llamada agranulocitosis, que supone un descenso radical de los leucocitos. Hace relativamente poco, se ha comercializado un nuevo fármaco que está químicamente relacionado con la carbamazepina, la oxcarbazepina, pero hacen falta más estudios para comprobar si tiene la misma eficacia en el control de los síntomas del estado de ánimo (Colom, F.; Vieta, E., 2008).

Otros fármacos utilizados para el tratamiento de este trastorno son la lamotrigina, el topiramato y la gabapentina. La lamotrigina parece que es bastante eficaz para las fases depresivas del trastorno y para los ciclos rápidos. Su aplicación tiene éxito en personas con episodios maníacos o mixtos que no responden bien a otros fármacos. El topiramato, cuando se combina con otros estabilizadores del estado de ánimo, parece ser eficaz para tratar la fase maníaca de la enfermedad, aunque también puede ser eficaz si se administra solo. Este fármaco puede ser útil para personas que presentan ciclos rápidos y al contrario que otros medicamentos, puede provocar pérdida de peso en lugar de aumentarlo. En cuanto a la gabapentina, cabe decir que no existen estudios concluyentes para afirmar su eficacia como estabilizador del estado de ánimo, pero es muy útil para tratar los síntomas de angustia y ansiedad que suelen acompañar los cambios del estado de ánimo propios del trastorno bipolar Ninguno de estos fármacos tiene una eficacia demostrada comparable al de los tres estabilizadores tradicionales (Miklowitz, D. J., 2004).

Los fármacos complementarios a los estabilizadores del estado de ánimo son los antidepresivos y los antipsicóticos. El objetivo de estos fármacos es combatir un síntoma concreto como sería la ansiedad, el insomnio, la agitación o la psicosis. Los antidepresivos pueden ser combinados con un estabilizador del estado de ánimo para tratar los polos depresivos, ya que en general, los estabilizadores del estado de ánimo suelen ser más eficaces para tratar los polos maníacos. El problema de los antidepresivos es que pueden provocar un viraje hacia la hipomanía, la manía o los estados mixtos y, también pueden provocar ciclos rápidos. Por todo ello, sólo se recomienda el uso de estos fármacos cuando es necesario y siempre en combinación con estabilizadores del estado de ánimo. Los antipsicóticos se recetan cuando la persona sufre alteraciones graves del pensamiento y de la percepción. Los antipsicóticos atípicos pueden potenciar el efecto de los estabilizadores del estado de ánimo y hasta pueden sustituirlos cuando la persona no responde bien al litio o los antiepilépticos. Estos fármacos también se pueden usar como tranquilizantes o ansiolíticos para disminuir la ansiedad, la agitación o los problemas del sueño, es decir los antipsicóticos pueden ser recetados sin necesidad de que el paciente tenga síntomas psicóticos. Los médicos pueden recomendar otros fármacos para complementar la acción de los estabilizadores. Pueden recetar preparados tiroideos porque algunos fármacos como el litio, tienden a rebajar el nivel de las hormonas tiroideas. También es frecuente que las personas con trastorno bipolar tomen benzodiazepinas para calmar la ansiedad o la angustia y para ayudar a conciliar el sueño. Estos fármacos se deben tomar con precaución ya que a diferencia de los anteriores, producen adicción y tolerancia. Los médicos también pueden recomendar benzodiazepinas en lugar de antipsicóticos atípicos para ayudar a reducir los síntomas maníacos o mixtos (Miklowitz, D. J., 2004).

1.2 Adherencia al tratamiento farmacológico

Uno de los principales problemas del tratamiento farmacológico es la gran reticencia de los pacientes a seguirlo cuando ya están bien. Muchas personas que padecen este trastorno señalan que uno de los principales motivos del abandono o del mal cumplimiento del tratamiento, se debe a los efectos secundarios que le producen, pero rara vez ésta es la causa fundamental. La mayoría de las veces el abandono se debe a una ausencia de conciencia de enfermedad o a creencias erróneas que el paciente tiene acerca del trastorno (Vieta y cols., 1996. Citado en Vallejo Ruiloba, J.; Gastó Ferrer, C., 1999, p. 361).

Es difícil predecir qué pacientes se adherirán con mayor probabilidad al tratamiento, aunque algunos estudios apuntan que es menos probable la adherencia en aquellas personas con trastornos de personalidad comórbidos o problemas de abuso de sustancias y escaso soporte social (Ramírez-Basco, M.; Thase, E. Citado en Caballo Vicente, E., 2002, p. 580). El cumplimiento parece ser mayor en aquellos pacientes con pareja estable o aquellos que disponen de alguien que refuerza y supervisa el tratamiento, así como los que reciben de manera complementaria terapia cognitiva o algún tipo de psicoeducación. Aproximadamente la mitad de los pacientes bipolares dejan de tomar la medicación alguna vez en su vida a pesar de las recomendaciones de su psiquiatra. Por ello, se han desarrollado varios programas con la finalidad de mejorar la adherencia a la medicación. A continuación se pondrá de manifiesto la importancia de determinadas terapias psicológicas, cuando se aplican de manera complementaria al tratamiento farmacológico, ya que contribuyen a aumentar la adherencia a la medicación (Jamison y cols., 1979; Jamison y Akiskal, 1983. Citado en Vallejo Ruiloba, J.; Gastó Ferrer, C., 1999, p. 361).

2. Tratamientos psicológicos

Las distintas intervenciones psicológicas se han orientado principalmente a aumentar la adherencia al tratamiento farmacológico y disminuir el número de hospitalizaciones y recaídas para mejorar así, la calidad de vida de los pacientes que sufren un trastorno bipolar (Becoña Iglesias, E.; Lorenzo Pontevedra, M. C. Citado en Pérez Álvarez, M.; Fernández Hermida, J. R.; Fernández Rodríguez, C.; Amigo Vázquez, I., 2003, p. 199).

Colom, F.; Vieta, E. (2004), afirman que las intervenciones psicológicas que se han propuesto a lo largo de la historia para el trastorno bipolar son muy diversas. El psicoanálisis es probablemente la más antigua pero, sin embargo, a lo largo de la historia, se ha podido observar como la relación del psicoanálisis con el paciente que sufre este trastorno no es especialmente buena.

> Cualquier paciente bipolar tratado únicamente con psicoanálisis no solo no experimentará una mejoría sino que, al no recibir un tratamiento adecuado, probablemente sufrirá un recrudecimiento en el curso del trastorno (Colom, F.; Vieta, E., 2004, p.13).

La psicoterapia es la que ha demostrado mayor eficacia en el tratamiento de esta enfermedad cuando se aplica como complemento a la medicación. Según Miklowitz, D. J. (2004), existen diversas razones para recibir psicoterapia. Una de las más Importantes es que la persona afectada recibe consejo y orientación para afrontar su trastorno, así como explorar el papel de los sucesos estresantes en los cambios de su estado de ánimo. Y, por otro lado, la psicoterapia también permite explorar las repercusiones de la enfermedad en el ámbito laboral, familiar y social.

Existen diferentes tipos de psicoterapia que han demostrado ser eficaces en el tratamiento de este trastorno. A continuación se especifican las características y las ventajas que ofrece cada una de las técnicas para mejorar la calidad de vida de estas personas.

2.1 Psicoterapia individual

La psicoterapia individual suele ser más recomendable cuando la persona ya ha iniciado su recuperación después de algún episodio de trastorno bipolar, ya que este tipo de terapia se centra sobre todo en un tratamiento de mantenimiento. Los dos tipos de psicoterapia individual que reciben más apoyo son la de tipo cognitivo-conductual y la interpersonal, puesto que son las que mejor funcionan desde el punto de vista de mejorar el curso del trastorno bipolar (Miklowitz, D. J., 2004).

La psicoterapia cognitivo-conductual, se basa en una terapia diseñada por Aaron Beck a mediados de los años 60 y está destinada a tratar pacientes deprimidos (Citado en Miklowitz, D. J., 2004, p. 177). El elemento fundamental es la forma de pensar del individuo, por lo que el objetivo de esta terapia es que la persona recupere la objetividad y aprenda a pensar de un modo no depresivo (Colom, F.; Vieta, E., 2008).

La base del planteamiento de la terapia cognitivo-conductual parte de que las variaciones del estado de ánimo están causadas, en parte, por patrones de pensamiento negativo y, estos patrones, se pueden modificar a través de la restructuración cognitiva, que consiste en evaluar las evidencias a favor y en contra del pensamiento para que el paciente pueda llegar a la conclusión de que ese pensamiento no es válido. El principal problema que plantea este razonamiento es que en el trastorno bipolar no es cierto que los cambios afectivos sean causados por las cogniciones, o al menos no lo es en la mayoría de los pacientes. Para poder responder a las necesidades reales de los pacientes con trastorno bipolar, hemos de centrarnos más en lo conductual que en lo cognitivo, pero aún y así se ha demostrado la eficacia de esta terapia en un gran número de casos, aunque no se pueda demostrar su eficacia preventiva a largo plazo. El enfoque cognitivo-conductual en grupo, ha demostrado sobre todo ser eficaz en los casos de patología dual (Colom, F.; Vieta, E., 2004).

Cochran (1984), con la finalidad de evaluar la utilidad de la terapia cognitiva para mejorar la adherencia al tratamiento farmacológico, asignó de manera aleatoria a un grupo de pacientes con trastorno bipolar que se medicaba con litio, a una intervención cognitiva individual breve de unas seis semanas. Los resultados obtenidos demostraban que a lo largo de un período de tres a seis meses de seguimiento, el grupo de terapia cognitiva tuvo menos recaídas y hospitalizaciones provocadas por la falta de adherencia al tratamiento. Estos hallazgos señalan la utilidad de la psicoterapia cognitivo-conductual como ayuda para la terapia farmacológica (Citado en Pérez Álvarez, M.; Fernández Hermida, J. R.; Fernández Rodríguez, C.; Amigo Vázquez, I., 2003, pp. 208-209).

Los objetivos principales de esta terapia son: educar a los pacientes y a las personas relevantes de su entorno acerca del trastorno; enseñar a los pacientes métodos para registrar la ocurrencia, la gravedad y el curso de los síntomas maníacos y depresivos; facilitar la adherencia a la medicación; proporcionar estrategias para afrontar los síntomas conductuales y cognitivos, tanto de la manía como de la depresión; así como enseñar habilidades de afrontamiento ante los problemas. La terapia cognitivo-conductual empieza con la clara definición de unos objetivos de tratamiento, los cuales son acordados por el paciente y el terapeuta. La segunda parte consiste en identificar aquellos factores que pueden interferir con el tratamiento y, por último, se hacen planes para superar los obstáculos detectados. En las visitas posteriores se revisará todo lo acordado para hacer modificaciones si fuese necesario (Caballo Vicente, E., 2002).

> El esfuerzo de la terapia cognitivo-conductual se centra en aumentar la probabilidad de que los pacientes puedan seguir el tratamiento tal y como está prescrito, identificando y eliminando los factores que interfieren con la adherencia (Caballo Vicente E., 2002, p. 591).

En cuanto a la psicoterapia interpersonal, cabe decir que es un tipo de terapia que se centra en los problemas psicosociales e interpersonales de los pacientes. Es una terapia de tiempo limitado que sobretodo hace hincapié en la reafirmación, la clarificación de los estados emocionales, la mejora de la comunicación interpersonal y la objetivación de las percepciones (Klerman, 1988. Citado en Colom, F.; Vieta, E., 2004, p. 15). Este tipo de terapia le da una gran importancia a la regulación del sueño, ya que se ha demostrado que tiene una gran repercuslón en el estado emocional (Pérez Álvarez, M.; Fernández Hermida, J. R.; Fernández Rodríguez, C.; Amigo Vázquez, I., 2003).

El objetivo de este método consiste en ayudar al paciente a comprender cual es papel que desempeña la enfermedad en las relaciones familiares, sociales o laborales y, cual es la influencia que ejercen estas relaciones en su enfermedad (Miklowitz, D. J., 2004).

2.2 Psicoterapia familiar y de pareja

El trastorno bipolar no solo afecta a la persona que lo padece sino también a las personas con las que convive. Tal y como afirman Pérez Álvarez, M.; Fernández Hermida, J. R.; Fernández Rodríguez, C.; Amigo Vázquez, I. (2003), el contexto familiar afecta y es afectado por los pacientes con trastorno bipolar. Se sabe que la alta expresión de emociones por parte de los familiares del paciente está asociada a altas tasas de recaída y peores resultados, por lo que las intervenciones psicológicas orientadas a la familia son necesarias para mejorar la evolución de los pacientes.

Muchos estudios demuestran que la intervención familiar cuando se aplica de manera complementaria al tratamiento farmacológico, es un recurso eficaz para mejorar la evolución de los pacientes (Colom, F.; Vieta, E., 2004). A lo largo del tratamiento se entrena al paciente y a su familia a aceptar que el trastorno es real y crónico, se les ofrece estrategias para modificar los patrones familiares disfuncionales, se les transmite que es necesario el tratamiento psicológico junto al farmacológico y, se les entrena, para que identifiquen los estresores que pueden precipitar las recaídas (Pérez Álvarez, M.; Fernández Hermida, J. R.; Fernández Rodríguez, C.; Amigo Vázquez, I., 2003).

En un primer momento, la ventaja principal de este método es que los familiares más cercanos reciben información acerca de la enfermedad, sus síntomas, sus causas, el pronóstico y su tratamiento, de manera que pueden aprender estrategias para afrontar el estrés al mismo tiempo que el paciente. Posteriormente, el trabajo se centra en la comunicación de familia o de pareja y en estrategias de solución de problemas. Algunos estudios demuestran que los pacientes con trastorno bipolar evolucionan más favorablemente cuando reciben medicación y psicoterapia centrada en la familia de forma simultánea (Miklowitz, D. J., 2004).

2.3 Grupos de autoayuda

En los últimos años se puede observar una tendencia creciente a formar grupos de pacientes bipolares con el objetivo de incrementar la adherencia al tratamiento farmacológico, de informar acerca de la enfermedad y de solucionar los problemas que ocasiona dicho trastorno (Colom, F.; Vieta, E., 2004).

En los grupos de apoyo o de autoayuda, las personas que padecen un trastorno bipolar se reúnen y hablan acerca de sus sentimientos, experiencias y actitudes relacionadas con el trastorno. El 95% de las personas que respondieron al cuestionario del *National Depressive and Manic Depressive Association* (Citado en Miklowitz, D. J., 2004, p. 180), dijeron que su experiencia en estos grupos les había ayudado a seguir con mayor rigor la medicación, afrontar mejor los efectos secundarios y a comunicarse mejor con sus médicos.

2.4 Grupos de apoyo a los familiares

El trastorno bipolar, tal y como se ha comentado con anterioridad, también afecta al ámbito familiar y social de la persona que lo sufre, por lo que en muchas ocasiones, resulta muy provechoso que estas personas asistan a grupos de apoyo para compartir sus experiencias con otros familiares de personas afectadas (Miklowitz, D. J., 2004).

De las diferentes intervenciones psicológicas que se han comentado, aquellas que destacan por aumentar la adherencia a la medicación son la terapia familiar, la terapia cognitivo-conductual y la psicoeducación, en la que se hará especial hincapié en el siguiente apartado, por ser una de las técnicas más eficaces en el tratamiento del trastorno bipolar. Todos los estudios sugieren que el mejor tratamiento para un paciente con trastorno bipolar sería aquel que combinase la medicación con alguno de los tratamientos psicológicos que han demostrado su eficacia para esta enfermedad (Pérez Álvarez, M.; Fernández Hermida, J. R.; Fernández Rodríguez, C.; Amigo Vázquez, I., 2003).

> La falta de atención a las cuestiones psicosociales que afectan al modo en que los pacientes afrontan este trastorno crónico y devastador dará como resultado episodios recurrentes de la enfermedad y la necesidad de tratamientos más caros como las hospitalizaciones y las consultas de urgencia (Caballo Vicente, E., 2002, p. 602).

Miklowitz, D. J. (2008), describe 18 ensayos de psicoeducación individual y grupal, terapia familiar, terapia interpersonal y terapia cognitivo-conductual. Las variables del estudio incluyen el tiempo de recuperación, la recurrencia, la duración de los episodios, la severidad de los síntomas y el desempeño psicosocial. Los resultados obtenidos indican que la terapia familiar y la terapia interpersonal, cuando se aplican después de un episodio agudo, parecen ser más eficaces en la prevención de recidivas, mientras que la terapia cognitivo-conductual y la psicoeducación grupal parecen ser más eficaces cuando se aplican durante un periodo de recuperación.

También, Rizvi Sakina y Zaretsky Ari E. (2007), someten a revisión la psicoeducación, la terapia familiar, la terapia interpersonal y la terapia cognitivo-conductual y, a partir de la evaluación de los resultados obtenidos en ensayos aleatorios de control, se demuestra que la psicoterapia es un tratamiento eficaz para el trastorno bipolar.

3. Psicoeducación

Las técnicas psicoeducativas han demostrado ser eficaces en el tratamiento de diversas enfermedades, como el asma o la diabetes, cuando son aplicadas junto a los fármacos. En todas ellas, como en los trastornos bipolares, es fundamental proporcionar al paciente herramientas que hagan más fácil la convivencia con la enfermedad (Colom, F.; Vieta, E., 2008). La psicoeducación potencia una alianza terapéutica centrada en la colaboración, la información y la confianza (Colom, F.; Vieta, E., 2004).

> La psicoeducación es una técnica, pero ante todo es una actitud: la del profesional que trata de implicar al paciente en su tratamiento, dejando de este modo de ser un sujeto pasivo para pasar a ser parte activa en la evolución favorable de su enfermedad (Colom, F.; Vieta, E., 2008, p. 364).

El modelo psicoeducactivo está inspirado en el modelo médico y tiene como finalidad mejorar el cumplimiento farmacológico, facilitar la identificación precoz de los síntomas de recaída, afrontar las consecuencias psicosociales de episodios previos y prevenir las de los futuros, así como proporcionar a los familiares y a los pacientes habilidades en el manejo de la enfermedad para mejorar su curso (Vieta, E., 1999. Citado en Vallejo Ruiloba, J.; Gastó Ferrer, C., 1999, p. 363). Un aspecto muy relevante de la psicoeducación en pacientes que han iniciado recientemente la enfermedad, es enseñarles a detectar de forma precoz sus recaídas para que la intervención se pueda llevar a cabo lo antes posible (Colom, F., 2005. Citado en Vázquez-Barquero, J; Artal Simón, J; Crespo Facorro, B., 2005, p. 146).

Los objetivos de la psicoeducación se pueden clasificar en tres niveles. En el primero, lo que se pretende es dotar al paciente de conciencia de enfermedad, facilitar la detección precoz de los síntomas y favorecer el cumplimiento del tratamiento. En el segundo nivel los objetivos están enfocados al control del estrés, evitar el uso y abuso de sustancias, lograr la regularidad del estilo de vida y, prevenir la conducta suicida. Y, el tercer y último nivel pretende incrementar el conocimiento y el afrontamiento de las consecuencias psicosociales de episodios pasados y futuros, mejorar la actividad social e interpersonal, afrontar los síntomas residuales y el deterioro, así como mejorar la calidad de vida (Colom, F.; Vieta, E., 2004).

La psicoeducación consiste en transmitir información al paciente acerca de su enfermedad, para que a partir del conocimiento de la misma se deriven cambios cognitivos y conductuales. *La psicoeducación responde a un derecho fundamental del ser humano: el derecho a la información* (Colom, F.; Vieta, E., 2008, p. 364). Los pacientes que participan en un grupo de psicoeducación tienen la posibilidad de percibir que algunas situaciones que viven con vergüenza o con aislamiento ya han sido descritas en los libros de psiquiatría. El paciente percibe que el psicólogo conoce lo que le ocurre, lo cual permite una mejora de la relación terapéutica (Colom, F.; Vieta, E, 2004).

El tratamiento psicoeducativo tiene un carácter preventivo y no es válido para el tratamiento de un episodio agudo, ya que el paciente no estará lo suficientemente motivado y, las alteraciones cognitivas y conductuales, impedirán el adecuado procesamiento de la información. En el caso de pacientes jóvenes o con un inicio reciente de la enfermedad hay que tener en cuenta el alto riesgo de abandono, por lo que es esencial incluir estrategias motivacionales en el desarrollo de las sesiones psicoeducativas. Cabe destacar también, la gran importancia que tiene la familia en el tratamiento del trastorno bipolar, ya que desempeña un papel crucial en la adherencia, el tratamiento de los síntomas y la conciencia de enfermedad. Por ello, resulta adecuado completar la psicoeducación de los pacientes con la psicoeducación de sus familias, para asegurarnos de que los cambios conductuales que se derivan sean facilitados por el entorno del paciente (Colom, F., 2005. Citado en Vázquez-Barquero, J; Artal Simón, J; Crespo Facorro, B., 2005, pp. 147-148).

Colom, F.; Vieta, E. (2004), han desarrollado un programa de psicoeducación que consta de 21 sesiones de unos 90 minutos cada una. La frecuencia de las sesiones es semanal, el número ideal de pacientes en cada grupo sería entre ocho y doce y, las edades estarían comprendidas entre 18 y 55 años. También es aconsejable que el grupo esté dirigido por más de un terapeuta. Estos autores afirman que trabajar con un programa de larga duración tiene varias ventajas: permite que los contenidos sean de mayor calidad, ya que se pueden abordar muchos más temas; permite que los pacientes participen más y estén más cohesionados entre ellos; facilita que los miembros del grupo ejerzan entre sí un efecto modelado, es decir, que se enriquezcan y aprendan los unos de los otros; y, finalmente el tratamiento psicoeducativo de larga duración, asegura en muchos casos, lo que se denomina el efecto encarrilamiento, es decir, que al menos durante el siguiente medio año el paciente tenga más posibilidades de permanecer eutímico, lo cual produce un efecto positivo en el curso de su enfermedad.

3.1 Programa de psicoeducación

Tal y como se ha comentado anteriormente el programa consta de 21 sesiones que se organizan en base a unos parámetros de tiempo. Los primeros 15 o 20 minutos se consideran de calentamiento, es decir, se empieza con una conversación informal que no tiene porque estar relacionada con el trastorno. Pasados unos minutos se empiezan a hacer propuestas que ya tienen que ver con el trabajo de psicoeducación. En primer lugar, es recomendable hacer un círculo e invitar a cada uno de los pacientes, sin forzarles, a comentar si han tenido alguna incidencia importante o algún cambio de estado de ánimo en la última semana. Si es así invitamos a la persona a que lo explique. Los 40 minutos siguientes se dedican a dar una clase sobre el tema del día, ya que cada sesión persigue un objetivo diferente. La última media hora se dedica a discutir en grupo el tema que se ha abordado durante la sesión.

Colom, F.; Vieta, E. (2004), describen los objetivos de cada una de las sesiones del programa de tratamiento. En función de la prioridad de los objetivos, dicho programa se divide en cinco grandes bloques. El primer bloque recoge las seis primeras sesiones para hacer hincapié en los contenidos básicos de la enfermedad. Este bloque debe ser siempre el primero ya que se introducen los conceptos que serán imprescindibles durante el programa de grupo. El segundo bloque abarca de la sesión siete a la 13 y se aborda el tema de la adherencia farmacológica, ya que el abandono de la medicación es la causa más común de recaída en los pacientes bipolares. El tercer bloque, que corresponde a la sesión 14, pretende resaltar la importancia de evitar el consumo de tóxicos para mejorar el curso del trastorno bipolar. Así pues, esta sesión se dedica al abordaje de este tema, pero no sólo se hace referencia a las sustancias tradicionalmente consideradas como tóxicas, sino que también se dedica un tiempo considerable a advertir a los pacientes acerca del mal uso o consumo de otras sustancias como el café. El cuarto bloque comprende las sesiones 15, 16 y 17 y, en ellas, el objetivo que se pretende es enseñar a los pacientes a identificar las recaídas y poder actuar precozmente. El quinto y último bloque hace referencia a la regularidad de los hábitos y el manejo del estrés, por lo que en las cuatro últimas sesiones se aborda la importancia de estos dos aspectos en el curso de la enfermedad.

A continuación, se detallan los aspectos más importantes de cada una de las sesiones del programa de psicoeducación (Colom, F.; Vieta, E., 2004):

Sesión 1: el objetivo es establecer un primer contacto con el grupo y explicar el programa, los objetivos que se pretenden, la duración y los métodos que se van a utilizar. Es muy importante en esta sesión, explicar las normas que deben ser cumplidas para el buen funcionamiento del grupo y que en caso de ser infringidas, puede suponer la expulsión de un paciente del programa. Las normas que deben respetarse son la confidencialidad, es decir, los pacientes no podrán desvelar información de otro miembro del grupo fuera de la terapia; la asistencia, ya que la lista de espera para poder participar en un programa psicoeducativo es muy larga; la puntualidad, puesto que es fundamental para que las sesiones se desarrollen con normalidad; el respeto, las opiniones de otros compañeros deben ser respetadas siempre aunque no se compartan; la participación, aunque no es obligatorio es muy importante intervenir en las sesiones para sacar el máximo provecho de éstas; y, el aprovechamiento, se recomienda que las tareas semanales se realicen por escrito, pero tampoco es obligatorio. En cuanto a los encuentros de los pacientes fuera de las sesiones no hay ningún tipo de prohibición.

Tras haber explicado todas las normas, se iniciará la presentación de cada uno de los miembros del grupo. Primero se presentarán los terapeutas diciendo su nombre, la titulación, su puesto en el hospital y, el lugar y las horas en las que se les puede localizar. Cabe hacer especial hincapié en que no supondrá ningún tipo de molestia atender a los pacientes telefónicamente o sin hora asignada cuando sea necesario, ya que es preferible detectar una recaída a tiempo que tener que hospitalizar al paciente más tarde.

Sesión 2: el objetivo es explicar de una manera general el concepto de trastorno bipolar, ya que muchos pacientes presentan sentimientos de culpa por no conocer con exactitud su enfermedad. La sesión se puede iniciar preguntando acerca de cómo les ha ido la semana o si tienen dudas acerca de lo que se comentó en la sesión anterior. Posteriormente se explicará que el trastorno bipolar consiste en una alteración de los mecanismos que regulan el estado de ánimo y para ello, se puede dibujar en la pizarra un esquema del cerebro, señalando el sistema límbico para hacerles entender cuales son las causas del trastorno. Para explicar el concepto de curso recurrente también es útil representarlo gráficamente. El tema de la heredabilidad se introduce en esta sesión, pero hay que procurar dedicar solo unas frases, ya para muchos pacientes que tienen o quieren tener hijos es un tema preocupante, por lo que más adelante se dedicará una sesión específica a este tema. Es recomendable finalizar las sesiones con alguna historia agradable que desdramatice el contenido de las mismas y que al mismo tiempo sea educativa.

Sesión 3: lo que se pretende es que los pacientes aprendan acerca del carácter biológico de su enfermedad, pero sobre todo, que aprendan a distinguir entre las causas y los desencadenantes del trastorno. La sesión se inicia con una conversación informal y se repasan las dudas que puedan haber surgido. A continuación, se expone el tema del día y se pregunta a los pacientes cuales creen ellos que son las causas de su enfermedad. Es frecuente que se comenten desencadenantes en vez de causas, por lo que es adecuado introducir en ese momento las diferencias entre los conceptos. Finalmente se abre un turno de preguntas y se cierra la sesión.

Sesión 4: la finalidad es explicar que es un episodio maníaco e hipomaníaco y, para ello, se hablará de los síntomas y las señales de recaída. Durante la sesión se puede preguntar a los pacientes si conocen lo que significa la palabra manía y se les puede proponer que detallen algunos de sus síntomas. Posteriormente se presenta el material de la sesión y se abre un turno de preguntas.

Sesión 5: el objetivo es transmitir a los pacientes el concepto de depresión como enfermedad médica, es decir, en el caso del trastorno bipolar, la depresión es parte de una enfermedad cuyas causas biológicas están claramente definidas. Es recomendable empezar la sesión leyendo algunos artículos de prensa en los que la palabra depresión se utilice de un modo erróneo. Se puede proponer a los miembros del grupo que expongan síntomas depresivos, los cuales se anotarán en la pizarra para explicar detalladamente en que consiste cada uno de ellos. Al final de la sesión resulta adecuado abrir un debate, ya que muchos pacientes quieren explicar como se han sentido cuando estaban deprimidos.

Sesión 6: se pretende incidir en el carácter crónico y recurrente de la enfermedad, enfatizar más la diferencia entre causa y desencadenante y, recordar al paciente el carácter cíclico del trastorno mediante el gráfico vital. Antes de iniciar la sesión se proporciona información por escrito a cada uno de los miembros del grupo sobre como realizar el gráfico vital y, durante la sesión, se les explica con la ayuda de la pizarra como debe realizarse. En primer lugar, se explicarán los cuatro tipos de trastorno bipolar y se marcarán las diferencias entre ellos, representándolos gráficamente. Es muy importante comentar a los pacientes el intenso trabajo emocional que supone realizar el gráfico vital, ya que implica remover cosas del pasado. Por ello, se les pedirá que dejen de hacerlo inmediatamente si se sienten mal. Finalmente se abre el turno de preguntas y se cierra la sesión.

Sesión 7: el objetivo es dar a conocer los diferentes estabilizadores del estado de ánimo, sus diferencias e indicaciones, sus ventajas y sus efectos secundarios. La finalidad de esta sesión es la mejora del cumplimiento farmacológico. En primer lugar se puede pedir algún voluntario para presentar su gráfico vital o uno inventado. La presentación de cada gráfico puede durar unos 15 minutos, por lo que es aconsejable que no se hagan más de dos presentaciones por sesión. Posteriormente se comenta el tema del día, pero hay que tener en cuenta que es la primera sesión que se dedica a los psicofármacos, por lo que es conveniente que antes se aclaren todas aquellas dudas que los pacientes puedan tener. Se puede preguntar acerca de cuantos de ellos han tomado algún eutimizante, ya que conocer cual es el eutimizante más utilizado por los miembros del grupo, permite a los terapeutas adaptar el discurso a las necesidades específicas de los pacientes. A continuación se expondrá el material de la sesión y se abrirá un turno de preguntas.

Sesión 8: el objetivo es mejorar el cumplimiento del tratamiento farmacológico en las fases maníacas e hipomaníacas. Para ello se proporciona al grupo información actualizada del tratamiento farmacológico en estas fases, haciendo hincapié tanto en los aspectos preventivos como terapéuticos. La sesión se iniciará como siempre con una conversación informal y se pedirán dos voluntarios que quieran exponer su gráfico vital. Seguidamente, se preguntará a los pacientes acerca del consumo de fármacos antimaníacos para hacer una lista sobre las frecuencias de uso. A continuación se expondrá el material del día, haciendo pequeñas interrupciones para que los miembros del grupo intervengan. Finalmente, se abrirá un turno de preguntas y se cerrará la sesión.

Sesión 9: al igual que en la sesión anterior, el objetivo es mejorar el cumplimiento farmacológico, pero en este caso de las fases depresivas y mixtas. La sesión se inicia con una conversación informal y se vuelven a pedir dos voluntarios para exponer su gráfico vital. Es conveniente preguntar al grupo cual creen ellos que es la conducta a seguir en caso de depresión. Del mismo modo que en la sesión anterior, se puede hacer una lista de frecuencias de uso de antidepresivos. Posteriormente, se explicará el tratamiento de la depresión, haciendo especial hincapié en la diferencia entre depresión y tristeza y, se expondrá el material del día. Tras un turno de preguntas y de discusión se dará por finalizada la sesión.

Sesión 10: la finalidad es subrayar la importancia de las determinaciones séricas de eutimizantes, es decir, lo que se pretende es que el paciente comprenda la importancia de hacerse analíticas de forma periódica para determinar sus niveles séricos. Como en sesiones anteriores, se presentan otros dos gráficos vitales y tras las presentaciones, se les pregunta a los pacientes cuantos de ellos toman litio, valproato o carbamazepina y cuantos se han realizado análisis como medida de control. También se preguntará por qué algunos de ellos no se han hecho la analítica. A continuación se presentará el material, atenderemos las posibles dudas y preguntas y, cerraremos la sesión.

Sesión 11: esta sesión se dirige sobre todo a las pacientes del grupo, ya que el tema se basará en la relación existente entre los psicofármacos y el embarazo. El mensaje fundamental que debe transmitirse es que ante la decisión de quedarse embarazada, siempre se ha de consultar con el psiquiatra para que éste pueda llevar un control junto con el ginecólogo. Esta sesión también tiene importancia para los pacientes hombres porque se habla mucho de la heredabilidad del trastorno bipolar y de las capacidades de una persona con esta enfermedad para ejercer de padre o de madre. Se volverán a pedir dos voluntarios para presentar su gráfico vital y posteriormente, se preguntará cuantos de nuestros pacientes tienen hijos o desean tenerlos. Facilitaremos un debate en torno al tema del trastorno bipolar y la función de padres, así como lo que representaría tener un hijo que padeciese este trastorno. Para finalizar se presentará el resto del material y se cerrará la sesión.

Sesión 12: muchos de los pacientes que sufren un trastorno bipolar recurren a tratamientos alternativos, por lo que el objetivo de esta sesión es informar a los miembros del grupo acerca de las diferencias respecto al tratamiento médico, los pasos que sigue un fármaco antes de su aprobación y por qué no funcionan determinadas terapias alternativas en el caso del trastorno bipolar. Si todavía hay pacientes que quieran exponer su gráfico vital, se dedicarán unos 20-30 minutos a presentar un par de casos. Posteriormente, se explicará el funcionamiento del método científico y lo que es un ensayo clínico, se presentará el material y se facilitará un debate acerca de los tratamientos alternativos en los trastornos bipolares. Finalmente, se proporcionará el material de la siguiente sesión y se dará por concluida.

Sesión 13: el objetivo es que los pacientes valoren el riesgo de recaída asociado al mal cumplimiento del tratamiento. La sesión se iniciará con una conversación informal y posteriormente, se repasarán algunos de los gráficos vitales en los que el paciente haya abandonado el tratamiento en algún momento. Con ello se aprovechará para analizar lo que ocurre después de dejar la medicación. Resulta útil que todos los miembros del grupo propongan posibles razones que pueden llevar a una persona con trastorno bipolar a abandonar el tratamiento. Tras repasar todo el material, se les entregará a los pacientes y se cerrará la sesión.

Sesión 14: debido a que el consumo de tóxicos es frecuente entre los pacientes que padecen un trastorno bipolar, el objetivo es que los miembros del grupo sean conscientes del riesgo que supone el consumo de determinadas sustancias. Por ello, resulta adecuado que un coterapeuta haga una lista en la pizarra de aquellas sustancias desaconsejas para el curso de la enfermedad. Una vez presentada la lista, se puede preguntar al grupo cuales de las sustancias creen que son peligrosas y cuales no. Es habitual que se descarten sustancias como el café o los refrescos como la coca-cola, pero el mensaje debe ser que todas ellas son perjudiciales para una persona que padece esta enfermedad. Es probable que a raíz de la conversación se produzca un debate y, una buena manera de estructurarlo, es clasificar los tóxicos en función de su frecuencia de uso y la polémica que generan. Para concluir la sesión se entregará el material y se abrirá un turno de preguntas.

Sesión 15: lo que se pretende con esta sesión es que los pacientes aprendan a detectar las recaídas y a realizar sus propias listas para reconocer las señales de alarma. La sesión se puede iniciar recordando cuales son los síntomas de la manía y la hipomanía y, para ello, es adecuado realizar una rueda en la que todos los pacientes participen. Una vez elaborada la lista se preguntará acerca de cuales de los síntomas pueden actuar como señales de alarma. De la misma manera, con la colaboración del grupo, se elaborará una nueva lista general de síntomas de alarma y se les explicará como pueden realizar la suya de manera individual. Finalmente se entregará el material y se cerrará la sesión.

Sesión 16: de la misma manera que en la sesión anterior, lo que se pretende aquí es enseñar a los pacientes a reconocer lo antes posible sus episodios depresivos. La primera media hora se puede dedicar a repasar las tareas asignadas en la sesión anterior para comprobar cuantos pacientes han sido capaces de elaborar su propia tabla de señales de alarma. Posteriormente, pasaremos a la realización de una lista de síntomas depresivos y se tratarán de identificar tres o cuatro síntomas de alarma para cada paciente. Finalmente se reparte el material y se concluye la sesión.

Sesión 17: se pretende dotar a los pacientes de un plan de acción en caso de que se produzca una descompensación. Así pues, el objetivo es la prevención, es decir, que los pacientes aprendan técnicas mientras están estables que les puedan servir en caso de descompensación. Es importante conocer cuales son los recursos de los que disponen los pacientes antes de repasar cual sería la mejor actuación ante una desestabilización. Se proporcionará un tiempo para que los miembros del grupo puedan debatir los métodos que serían más adecuados y, a continuación, se analiza cada uno de ellos. Es importante destacar también los beneficios del ejercicio físico en caso de depresión, ya que es un estimulante, pero se desaconseja su práctica si se sospecha que puede aparecer un episodio mixto o hipomaníaco.

Sesión 18: se pretende incidir en la necesidad de tener unos hábitos regulares. Tras la conversación informal, se puede iniciar la sesión explicando alguna historia que ponga de manifiesto los factores de riesgo en el trastorno bipolar, incidiendo especialmente en los que tengan que ver con los hábitos. Si con la historia no quedara suficientemente claro el concepto que queremos transmitir, se puede recurrir a otros elementos para remarcar la importancia de la regularidad de hábitos. Finalmente se repartirá el material y se cerrará la sesión.

Sesión 19: se sabe que el estrés desempeña un papel destacado como desencadenante de episodios, sobre todo de los primeros, por lo que esta sesión tiene un doble objetivo. Por un lado, se pretende incidir en la importancia del estrés como factor desencadenante y, por otra parte, se pretende informar a los pacientes de las distintas intervenciones psicológicas que pueden ayudar a manejarlo. Después de iniciar la sesión con una charla informal, se volverán a destacar las diferencias entre causas y desencadenantes del trastorno. A continuación, se explicará el concepto de estrés y si es necesario se dibujará un gráfico vital para observar claramente la relación entre los estímulos estresantes y las recaídas.

Sesión 20: el objetivo consiste en proporcionar a los pacientes algunos recursos para estructurar la forma en que toman sus decisiones. Para ello, en esta sesión se tratan algunos problemas reales y cotidianos y, se comentan algunas técnicas de resolución de problemas. Tras la conversación informal, se le puede pedir al grupo que proponga un problema inventado para aplicar la técnica entre todos. Una vez presentado el problema, se fomentará que los pacientes hagan una tormenta de ideas para solucionarlo. Finalmente, se abrirá un turno de preguntas y se cerrará la sesión.

Sesión 21: esta es la última sesión del programa de psicoeducación y sirve para cerrar el grupo de una manera adecuada. Así pues, la primera media hora se puede dedicar a resolver todas aquellas dudas acerca de los contenidos que se han expuesto. A continuación, se preguntará al grupo como consideran que su participación en el programa ha cambiado su conducta o su forma de pensar y, para finalizar, se les pedirá que evalúen el programa. También, se les proporcionará bibliografía para que puedan seguir informados acerca del trastorno y se les agradecerá su participación.

Al final de cada una de las sesiones se le proporciona a cada paciente el material correspondiente y se le asignan unas tareas para realizar en casa, que como hemos visto, pueden ser repasadas en la siguiente sesión. Estas tareas no son obligatorias, pero es importante resaltar su importancia ya que sirven para fomentar el cumplimiento y el aprovechamiento del programa (Colom, F.; Vieta, E., 2004).

3.2 Eficacia de la psicoeducación

Existen diferentes estudios que demuestran la eficacia de la psicoeducación en la adherencia al tratamiento farmacológico. El estudio realizado por Seltzer, Roncani y Garfinkel (1980), tenía como objetivo aplicar la psicoeducación para mejorar la adherencia a la medicación. El estudio se llevó a cabo con distintos grupos de pacientes psiquiátricos, entre los que había seis con trastorno bipolar. Los autores observaron mejores resultados en aquellos a los que se les había aplicado la psicoeducación, pero el tamaño de la muestra era pequeño (Citado en Pérez Álvarez, M.; Fernández Hermida, J. R.; Fernández Rodríguez, C.; Amigo Vázquez, I., 2003, p. 205).

Los primeros estudios sobre la eficacia de la psicoeducación no aparecieron hasta hace pocos años. Los estudios realizados por Peet y Harvey (1991), pueden considerarse los primeros que evaluaron su eficacia. Se formaron dos grupos de 30 pacientes, pero sólo a uno de ellos se le proporcionó información acerca del litio. El resultado fue que las actitudes y los conocimientos de los pacientes informados mejoraron significativamente respecto al otro grupo (Citado en Colom, F.; Vieta, E., 2004, p. 199).

Por otra parte, Clarkin, Carpenter, Wilner y Glick (1998), descubrieron que una intervención psicoeducativa de 11 meses que se había aplicado junto a un tratamiento farmacológico, produjo una mejora global del funcionamiento y un mejor cumplimiento de la medicación en pacientes bipolares frente a otros que solo recibieron medicación (Citado en Pérez Álvarez, M.; Fernández Hermida, J. R.; Fernández Rodríguez, C.; Amigo Vázquez, I., 2003, p. 206).

Probablemente, el estudio de Perry y cols. (1999), sea el mejor sobre la intervención psicológica individual en trastornos bipolares. Este tipo de intervención comprendía entre siete y doce sesiones, durante las cuales el terapeuta, basándose en un abordaje psicoeducativo, ayudaba al paciente a identificar sus señales de recaída más habituales. Los resultados indicaron que estos pacientes presentaban menos recaídas y tardaban más en sufrir un episodio maníaco que los pacientes del grupo control (Citado en Colom, F.; Vieta, E., 2004, p. 200).

Colom, F.; Vieta, E.; Martínez-Arán, A.; Reinares, M.; Goikolea, J.; Benabarre, A.; Torrent, C.; Comes, M.; Corbella, P.; Parramon, G. y Corominas J. (2003), llevaron a cabo un estudio en el que a partir de un ensayo controlado, 120 pacientes bipolares que recibían tratamiento farmacológico, fueron incluidos en un programa de psicoeducación de 21 sesiones. Todos los sujetos fueron evaluados mensualmente durante las 21 semanas de tratamiento y los resultados indicaron que la psicoeducación reduce significativamente el número de recaídas y de hospitalizaciones. El estudio concluye que la psicoeducación de grupo es una intervención eficaz para prevenir la recurrencia de los episodios en pacientes que sufren un trastorno bipolar I y II, siempre y cuando se aplique de manera complementaria al tratamiento farmacológico.

También cabe destacar la importancia del programa psicoeducativo realizado por Colom, F.; Vieta, E. (2004), el cual se ha comentado anteriormente, ya que demuestra un sólido efecto en la prevención de todo tipo de episodios, así como una disminución de los días de hospitalización. Dichos autores, afirman que todos aquellos pacientes que apliquen las técnicas que se han expuesto en el programa, podrán experimentar una mejoría en el curso de su enfermedad.

Reinares, M.; Colom, F.; Sánchez-Moreno, J.; Torrent, C.; Martínez-Arán, A; Comes, M.; Goikolea, J.; Benabarre, A.; Salamero, M. y Vieta, E. (2008), evaluaron la eficacia de una intervención psicoeducativa grupal en familiares de pacientes bipolares y, las conclusiones fueron, que un grupo de psicoeducación dirigido a los cuidadores de pacientes bipolares es un útil complemento del tratamiento habitual, ya que reduce el riesgo de recidivas, en particular de hipomanía y manía.

Finalmente, Colom, F.; Vieta, E.; Sánchez-Moreno, J.; Palomino Otiniano, R.; Reinares, M.; Goikolea, J.; Benabarre, A. y Martínez-Arán, A. (2009), también demuestran la eficacia de la psicoeducación en el trastorno bipolar. El objetivo del estudio consistía en evaluar la eficacia de la psicoeducación grupal mediante un ensayo controlado aleatorio de 5 años de seguimiento. 120 personas con trastorno bipolar fueron incluidas en el estudio y 99 completaron los cinco años de seguimiento. Los resultados obtenidos indicaron que el grupo que había recibido psicoeducación había tenido menos recidivas, menos hospitalizaciones y habían permanecido menos tiempo enfermos respecto a los pacientes del grupo en el que no se aplicó la psicoeducación.

Todos los estudios revisados demuestran que las técnicas psicoeducativas son eficaces en pacientes que sufren un trastorno bipolar, ya que los resultados de los ensayos concluyen que en todos los sujetos, se puede apreciar una mejora del curso de su enfermedad.

Conclusiones

A lo largo de todo el libro se pone de manifiesto que el trastorno bipolar es una enfermedad crónica. Las personas que sufren este trastorno han de recibir tratamiento farmacológico aún cuando están estables, ya que el abandono de la medicación supone la aparición de nuevas recaídas y periodos de desestabilización, siendo una de las consecuencias más graves el suicidio.

Uno de los principales problemas que presentan habitualmente los pacientes con trastorno bipolar es la tendencia a abandonar la medicación en períodos de estabilidad, lo que conlleva un peor curso de la enfermedad. La importancia de complementar el tratamiento farmacológico con el psicológico reside justamente en este punto: el abandono de la medicación.

A partir de los estudios e investigaciones realizados por diversos expertos, se demuestra como algunas terapias psicológicas son eficaces en el tratamiento del trastorno, cuando se aplican de manera complementaria a la medicación. Como hemos podido comprobar, el éxito de determinadas técnicas psicológicas reside en el hecho de proporcionar al paciente información acerca de su enfermedad y ayudarle a tomar consciencia de las repercusiones que supone en los distintos ámbitos de su vida.

De todas las técnicas psicológicas, la psicoeducación es la que ha demostrado, junto al tratamiento farmacológico, la mayor eficacia para el tratamiento del trastorno bipolar. Un programa psicoeducativo permite al paciente ir adquiriendo una serie de habilidades y destrezas que le ayudan afrontar las diversas dificultades que le ocasiona la enfermedad. Se puede decir, que lo más importante de la psicoeducación es que facilita el cumplimiento farmacológico, la identificación precoz de los síntomas de recaída y que proporciona, tanto a los pacientes como a los familiares, habilidades en el manejo de la enfermedad para mejorar su curso y por ende su calidad de vida.

Así pues, la eficacia de la psicoeducación queda perfectamente demostrada en los resultados obtenidos de los estudios que se han realizado hasta la actualidad, ya que a pesar de que el tamaño de algunas de las muestras es pequeño, los resultados han sido, en su mayoría, positivos.

Bibliografía

Manuales

CABALLO VICENTE, E. *Manual para el tratamiento cognitivo-conductual de los trastornos psicológicos.* Vol.1. 2ª edición, Madrid: Siglo XXI, 2002.

COLOM, F.; VIETA, E. *Manual de psicoeducación para el trastorno bipolar.* Barcelona: Ars Médica, 2004.

COLOM, F.; VIETA, E. *De la euforia a la tristeza. El trastorno bipolar: cómo conocerlo y tratarlo para mejorar la vida.* Madrid: La Esfera de los Libros, 2008.

DSM-IV-TR. *Manual diagnóstico y estadístico de los trastornos mentales.* Barcelona: Masson, 2002.

MIKLOWITZ, D. J. *El trastorno bipolar. Una guía práctica para familias y pacientes.* Barcelona: Paidós, 2004.

PÉREZ ALVAREZ, MARINO; FERNÁNDEZ HERMIDA, JOSÉ RAMÓN; FERNÁNDEZ RODRÍGUEZ, CONCEPCIÓN; AMIGO VÁZQUEZ, ISAAC. *Guía de tratamientos psicológicos eficaces.* Vol. I adultos. Madrid: Pirámide, 2003.

PICHOT, P. *Investigación y práctica clínica en psiquiatría.* Madrid: Aula Médica, 2004.

ROCA BENNASAR, M. *Trastornos del humor.* Madrid: Editorial Médica Panamericana, 1999.

VALLEJO RUILOBA, J., GASTÓ FERRER, C. *Trastornos afectivos: ansiedad y depresión.* 2ª edición, Barcelona: Masson, 1999.

VALLEJO RUILOBA, J. *Introducción a la psicopatología y la psiquiatría.* 6ª edición, Barcelona: Masson, 2006.

VÁZQUEZ-BARQUERO, JOSÉ LUÍS; ARTAL SIMÓN, JESÚS; CRESPO-FACORRO, BENEDICTO. *Las fases iniciales de las enfermedades mentales.* Barcelona: Masson, 2005.

Artículos

COLOM, F.; VIETA, E.; MARTÍNEZ-ARÁN, A.; REINARES, M.; GOIKOLEA, J. M.; BENABARRE, A.; TORRENT, C.; COMES, M.; CORBELLA, B.; PARRAMON, G.; COROMINAS, J. *A ramdomized trial on the efficacy of Group psychoeducation in the prophylaxis of recurrences in bipolar patients whose disease is in remission.* Arch Gen Psychiatry, 2003; 60: 402-407.

COLOM, F.; VIETA, E.; SÁNCHEZ-MORENO, J.; PALOMINO OTINIANO, R; REINARES, M.; GOIKOLEA, J. M.; BENABARRE, A.; MARTÍNEZ-ARÁN, A. *Group psychoeducation for stabilised bipolar disorders: 5-year outcome of a randomized clinical trial.* The British Journal of Psychiatry, 2009; 194: 260-265.

CORYELL, W.; ENDICOTT, J.; REICH, T.; Y COLS. *A family study of bipolar II disorder.* The British Journal of Psychiatry, 1984; 145: 49-54.

ELLICOTT, A.; HAMMEN, C.; GITLIN, M.; Y COLS. *Life events and the course of bipolar disorder.* American Journal of Psychiatry, 1990; 147: 1994-1998.

JANET, M.; CASSIO, L. Y RICHARD, M. *Bipolar Disorder.* American Medical Association, 2009; 301 (5): 564.

MIKLOWITZ D. J. *Adjunctive psychotherapy for bipolar disorder: State of the evidence.* American Journal of Psychiatry, 2008; 165 (11): 1408-1419.

REINARES, M.; COLOM, F.; SÁNCHEZ-MORENO, J.; TORRENT, C.; MARTÍNEZ-ARÁN, A.; COMES, M.; GOIKOLEA, J. M.; BENABARRE, A.; SALAMERO, M. Y VIETA, E. *Impact of caregiver group psychoeducation on the course and outcome of bipolar patients in remission: A randomized controlled trial.* Blackwell Munksgaard, 2008; 10: 511-519.

RIZVI SAKINA Y ZARETSKY ARI, E. *Psychoterapy trough the phases of bipolar disorder: Evidence for general efficacy and differential effects.* Journal of clinical phychology, 2007; 63: 491-506.

YATHAM L. N. *Translating knowledge of genetics and pharmacology into improving everyday practice.* Blackwell Munksgaard, 2005; 7 Suppl. 4: 13-20.

www.ingramcontent.com/pod-product-compliance
Lightning Source LLC
Chambersburg PA
CBHW041132200526
45172CB00018B/132